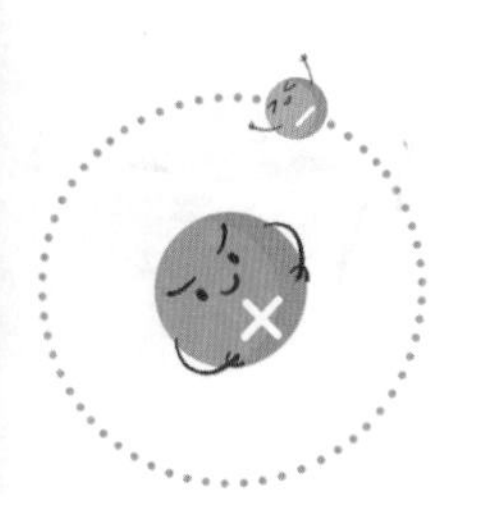

# 粒子世界演义

江苏省物理学会
江苏省学会服务中心
江苏省青少年科技中心　组织编写

沙振舜　编著

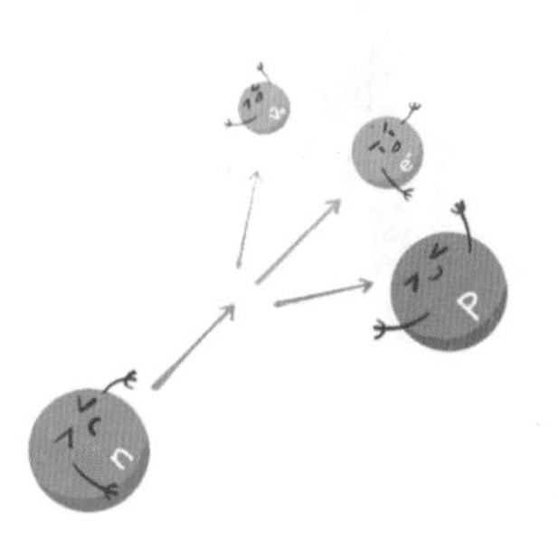

南京大学出版社

图书在版编目（CIP）数据

粒子世界演义 / 沙振舜编著 . —南京 : 南京大学出版社 , 2023.3
ISBN 978-7-305-26789-5

Ⅰ . ①粒… Ⅱ . ①沙… Ⅲ . ①粒子物理学 Ⅳ . ① O572.2

中国国家版本馆 CIP 数据核字 (2023) 第 027688 号

出版发行 南京大学出版社
社 址 南京市汉口路 22 号 邮 编 210093
出 版 人 金鑫荣

书 名 粒子世界演义
编 著 沙振舜
责任编辑 巩奚若 编辑热线 025-83595840

照 排 南京开卷文化传媒有限公司
印 刷 南京凯德印刷有限公司
开 本 710 mm×1000 mm 1/16 印张 12.75 字数 196 千
版 次 2023 年 3 月第 1 版 2023 年 3 月第 1 次印刷
ISBN 978-7-305-26789-5
定 价 68.00 元

网 址：http://www.njupco.com
官方微博：http://weibo.com/njupco
微信服务号：njupress
销售咨询热线：（025）83594756

# 《粒子世界演义》

## 编审委员会

# 前言

我对基本粒子分类与周期表问题产生兴趣久矣，从大学时代到高校教学，都念念不忘。只是由于在职期间工作繁忙，无暇顾及。虽然在担任近代物理实验教学期间，对核物理有所接触，但只是皮毛，自愧才疏学浅，无法实现青年时代研究基本粒子的梦想。自从退休后，有了自由和时间，才又回到当初的兴趣上来，学习了一些粒子物理方面的知识，欲以科普读物的形式，与读者共享。

粒子物理学是基本粒子物理学的简称，由于在粒子物理研究中所需要的能量相当高，故又称作高能物理学，它的任务是研究基本粒子的内部结构及其相互作用、相互转化的规律。这门学科似“阳春白雪”，一般人是接触不到的，也不易搞懂，然而，这门学科是关系到上从宇宙天体、下至世界万物的基本构成，能够使人们对微观世界有一个直观和感性的认识，对粒子物理学的研究与应用，关系国计民生，特别是一个国家的科技与学术发展水平。而且，截至 2016 年，诺贝尔物理学奖 110 名得主中有 34 位因为粒子物理学的研究成果得奖，排名第一，可见其重要性。所以，有关粒子物理学的基础知识，不可不知。

近年来，我陆续写了几本科普书，例如《等离子体自传》《无处不在的眼睛》《最美丽的十大物理实验》等，在科普写作方面积累一些经验，我想利用这些经验和自己的笔，为社会再做些贡献，所以又写了《粒子世界演义》这本书。本书欲简明地介绍粒子物理学和高能物理实验的最一般的知识以及粒子物理学方面的前沿进展，希望能够增加读者对粒子物理学历史与发展的了解。由于本人才疏学浅，班门弄斧，本书难免存在不妥和错误，欢迎读者批评指正。

本书初稿曾经南京大学物理学院赖启基教授、陈申见教授审阅，他们在粒子物理学，特别是高能物理实验方面有很深的造诣，对本书提出很中肯的意见和建议；缪峰副院长为本书出版给予了很多支持与帮助，在此作者对他们表示衷心感谢。

我要感谢南京大学出版社吴汀、王南雁、巩奚若编辑，在本书编写、出版中给予的帮助，以及郭珊对本书配图进行的重新绘制。

我还要感谢我的妻子孔庆云对我的支持和帮助，此外沙明和沙星帮助输录书稿、绘图和校稿，我在此也表示感谢。

我在准备编写和动笔过程中，参考了许多有关的科普读物、优秀教材和科技文献，书后给出了主要参考文献，在此对这些文献的作者表示感谢。

本书出版前夕，有幸入选“江苏科普创作出版扶持计划”，代表书中的内容得到了有关单位的认可，在此表示感谢。

此外，本书的出版也是为了纪念我的老师、挚友陆埮教授，在编辑出版《半个世纪的科学生涯——吴健雄、袁家骝文集》过程中，我们有过很好的合作，我从他那里学到不少东西，他赠送的《物质探微：从电子到夸克》，我爱不释手，受益匪浅。阅读该书，使我萌发了编写基本粒子科普读物的想法。

作者

2021.5.18 于南京

前排左起：陆埮，袁家骝，吴健雄，冯端
后排左起：方杰，夏元复，沙振舜，秦涛，包世同
吴健雄袁家骝文集编委会人员合影

# 引言

20 世纪 50 年代，是粒子物理学发展激动人心的重要时期，不论实验方面还是理论研究都取得长足的进步，新一代粒子加速器和探测器发现的新粒子层出不穷；人才辈出，不断提出新的理论和新的模型。实验与理论的相互影响、相辅相成，促进粒子物理学的发展，极其辉煌，这一时期粒子物理的杰出成果五彩缤纷，如烟花般绚丽，照亮了科苑的天空。

那时候，刚入大学物理系的我得知这些科研硕果，无比激动，对基本粒子产生浓厚兴趣，又加上化学课上学习了门捷列夫周期律，受此启发我萌发编制基本粒子周期表的梦想。为了学习粒子物理方面的知识，充实自己，我常常去听核物理的专业课。但是，由于当时自感才疏学浅，又兼粒子物理学深奥、错综复杂、变化多端，只好暂时作罢。后来，我仍关心粒子物理学的发展，经过深入了解，世界上不少前辈科学家已经编织了多种粒子周期表，此时我犹如站立在前辈巨人的肩膀上窥探粒子世界，万花缤纷，风景无限，受益匪浅。在此，我将积累的一些关于基本粒子周期表的知识、信息和资料，写出来与大家共享，遂成这本小书——《粒子世界演义》。

我想把这本小书写成章回体的科普读物，不知读者喜欢否。

# 目录

第一回　世界万物粒子组成　众多精英各显神通 …… 1

第二回　加速器里产生粒子　探测器似火眼金睛 …… 12

第三回　粒子家族人丁兴旺　家庭成员禀性不同 …… 28

第四回　粒子间存在作用力　强力弱力电磁作用 …… 36

第五回　粒子反应有守恒律　守恒律对应对称性 …… 46

第六回　理论家预言中微子　历经廿年寻找成功 …… 61

第七回　共振粒子转瞬即逝　奇异粒子有奇异性 …… 72

第八回　粒子分类各有妙计　粒子研究条理分明 …… 80

第九回　大师探索强子结构　盖尔曼提出法八重 …… 86

第十回　盖尔曼奇人发奇想　粒子物理学建奇功 …… 95

第十一回　盖尔曼提夸克模型　起名模仿海鸟叫声 …… 99

第十二回　丁肇中发现J粒子　里克特则异曲同工 …… 106

第十三回　三味重夸克被发现　夸克模型大功告成 …… 113

第十四回　标准模型包罗万象　粒子世界尽在其中 …… 123

第十五回　科学家寻它千百度　上帝粒子终现真容 …… 135

第十六回　形形色色的周期表　完善创新有待后生 …… 146

第十七回　狄拉克提出空穴理论　揭开反物质神秘面容 …… 158

第十八回　我国高能后来居上　凝心聚力磨砺前行 …… 173

结束语 …… 180

参考文献 …… 185

附录 1　希腊字母表 …… 189

附录 2　粒子物理领域诺贝尔物理学奖 …… 190

# 第一回

# 世界万物粒子组成 众多精英各显神通

话说大千世界，朗朗乾坤，面对这个世界，人们往往会问：这世界是由什么构成的？对这个问题的回答，简单地说，世界是由基本粒子组成的，它们之间是靠相互作用聚集在一起的。人类对物质世界的认识，早期的来源之一是对物质结构的探索，这种探索走过了漫长而曲折的道路。自从有人类出现，这种探索从来没有停止过，人类天生具有难以遏止的好奇心和难以满足的求知欲望。在探索过程中，诞生了一门研究这些“基本粒子”的学科，这就是今天的粒子物理学，它自 19 世纪末兴起，至今已有一百多年的波澜壮阔而又绚丽多彩的历史。

粒子物理学又称高能物理学，它是从原子核物理中发展起来的一个物理学分支。20 世纪 30 至 40 年代是它的初创时期，50 至 60 年代是其发展的高潮时期，随后粒子物理学便趋于成熟。粒子物理学研究的是构成万物的基本粒子，以及这些粒子之间是如何相互作用的。粒子物理学的研究涉及了最大、最复杂、最精密的实验。

有人会问：研究粒子物理，花费那么多人力财力，粒子物理学能干吗呢？从实际应用的角度来看，粒子物理学可应用于许多方面——为发展粒子物理而建造的加速器可用于工业探伤、海关检查；环形加速器发出的同步辐射可用于光刻、微型机械加工、生化、生物物理等方面的研究；在医学诊断与治疗领域多有应用，例如，正电子发射断层显像（PET）可用于心血管疾病、肿瘤、精神、神经疾病的诊断和分析。质子加速器可用于治癌。宇宙学、天文学与粒子物理学联系密切，粒子物理学不仅改变了对宇宙的认识，而且粒子物理学的新思想改变了宇宙学的语言和交流方式，例如对宇宙大爆炸、宇宙射线、恒星形成等的解释。从发展趋势来看，粒子物理学的进展肯定会在宇宙演化的研究中起推进作用。此外，粒子物理学在其他科学领域、教育、生活上也都有重要应用，粒子物理的发展，对于人类未来生产生活均会带来影响。

## 一　粒子物理学发展中的若干重大事件

首先让我们简要地回顾一下粒子物理学发展的历史，远的不说，只从19世纪末谈起，粒子物理学的发展大致经历了三个阶段。

### （一）第一阶段（1897 ~ 1936年）

这个阶段是从电子的发现开始的。

图1–1　J. J. 汤姆逊在实验室工作

电子是最早发现的一种基本粒子，1897年，J. J. 汤姆逊在阴极射线实验中发现了带负电的最小粒子——电子；1905年，A. 爱因斯坦发现光也具有粒子性，它由一份一份的光量子所组成，后来光量子被称为光子；1906年，E. 卢瑟福通过 α 射线散射实验发现了质子（图1–1 ~ 图

1-3）。电子、光子、质子这三者是当时人们最早认识的基本粒子，直至今日没有发现它们能自发转变。

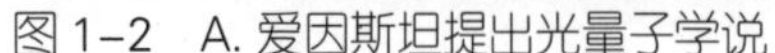

图 1–2　A. 爱因斯坦提出光量子学说

图 1–3　E. 卢瑟福在实验室工作

20 世纪头 30 年是物理学发生翻天覆地大变革的时期，这期间与基本粒子物理有关的发现和学说可真不少。1932 年，J. 查德威克在用 α 粒子轰击核的实验中发现了中子（图 1–4）。随即，人们认识到原子核是由质子和中子构成的，对于物质微观结构，此时人们已认识到所有物质都是由电子、质子、中子组成的，还知道光子是传递电磁力的媒介子。当时，不少人认为这些粒子是构成物质的最原始、最简单的成分，是不能再分的，因此把它们称为基本粒子。

图 1–4　J. 查德威克

1932 年，C. D. 安德森在利用放在强磁场中的云室记录宇宙线粒子时发现了正电子（图 1–5）。实际上，早在四年以前，P. A. M. 狄拉克创立相对论性量子力学时，已预言正电子的存在。1933 年，W. E. 泡利发表了中微子假设（图 1–6）。1935 年，日本的汤川秀树提出核力理论，并预言了 π 介子的存在（图 1–7）。1937 年，C. D. 安德森、S. 内德梅耶和其他学者从宇宙线中发现 μ 子。由于电子和 μ 子的质量比中子和质子轻得多，所以电子和 μ 子又被称为轻子，中子和质子被称为重子。

图 1-5　C. D. 安德森

图 1-6　W. E. 泡利

图 1-7　汤川秀树

在相继发现了中子、正电子和 μ 子之后，人们认识到原子也是可分的，它由原子核和电子构成，而原子核又由质子和中子构成，于是人们将电子、质子、中子、正电子、μ 子和光子统称为基本粒子。

## （二）第二阶段（1936 ~ 1964 年）

这个阶段的开始以在宇宙线中发现 μ 子为标志。

1934 年，汤川秀树为解释核子之间的强作用短程力，基于同电磁作用的对比，提出这种力是由质子和（或）中子之间交换一种具有质量（电子质量的 200 ~ 300 倍）的基本粒子——介子引起的。

1937 年，安德森在宇宙线实验中发现了一种质量约为电子质量 206.77 倍的粒子，带有正的或负的单位电荷。当时，人们曾认为它就是汤川预言的核力的媒介粒子，称之为 π 介子，但是以后多年的研究发现，它不可能是汤川秀树所预言的那种介子，于是后来又正名为 μ 子。

20 世纪 40 年代，人们在实验中发现了汤川秀树预言的另一类基本粒子，它们的质量介于轻子和重子之间，故称为介子，如 π 介子、K 介子等。不久，人们又陆续发现了一批质量超过中子和质子的粒子，称之为超子，如 Λ 超子、Σ 超子和 Ξ 超子等。不过应该指出，按照目前的实验发展来看，轻子族、介子族和重子族的命名已失去按质量大小来分类的意义，因为人们不仅发现了有的介子的质量可以大于重子，也找到了足够的证据证明存在比重子还重的轻子。

到了 20 世纪 40 年代，粒子物理学从核物理学中脱颖而出，正式创立。1947 ~ 1954 年，罗切斯特（G. D. Rochester）和巴特勒（C. C. Butler）等人在宇宙线中发现了 $\Lambda^0$、$K^0$、$K^+$ 等奇异粒子。

随着时间的推移，在 20 世纪 50 至 60 年代，由于各种类型的高能加速器的建成以及探测技术的迅速发展，除了发现两类中微子 $\nu_e$ 和 $\nu_\mu$ 外，人们还发现了 200 多种寿命极短的基本粒子（平均寿命只有 $10^{-23}$ 秒左右），如 Δ、Λ、$\Omega^-$ 等。这些粒子被称为共振态粒子，其中包括 1960 ~ 1962 年路易斯·阿尔瓦雷斯（L. W. Alvarez）等人发现的大量共振子（图 1–8）。这样一来，基本粒子家族的成员一下子就增加到 300 多种，真可称得上是个大家族。

上面说过，安德森发现了正电子，事实上每个粒子都有一个反粒子，除了电荷等性质和粒子性质相反以外，反粒子的其他性质和粒子完全相同。1955 年，欧文·张伯伦（O. Chamberlain）和埃米利奥·吉诺·塞格雷（E. G. Segrè）等人在高能加速器实验中发现了反质子（图 1–9 ~ 图 1–10）；

图 1–8　路易斯·阿尔瓦雷斯

图 1–9　欧文·张伯伦

图 1–10　E. G. 塞格雷

次年，布鲁斯·考克（B. Cork）发现了反中子。1956年，克莱德·科温（C. L. Cowan）和费雷德里克·莱茵斯（F. Reines）发现中微子，首次验证了泡利的中微子假设。

这个阶段最重要的理论进展是量子场论和重正化理论的建立，以及相互作用中对称性质的研究。量子场论是由P. 狄拉克、E. P. 约旦、E. P. 维格纳、W. K. 海森堡和泡利等人在相对论和量子力学的基础上，通过场的量子化途径发展起来的。在量子场论领域中，最早发展起来的是量子电动力学，它是把电磁场（光子场）和电子场都加以量子化，从而描述电子和光子的各种现象的理论。不过这个理论存在发散困难，即量子电动力学中会出现无穷大的结果，经过J. S. 施温格、朝永振一郎、R. P. 费曼和F. 戴森等人的努力，这个问题得到了解决。所采取的消除无穷大结果的方法，叫作重正化理论，它不但在原则上解决了量子电动力学中出现的发散困难，还提出了用图形表示计算方法——费曼图方法，用费曼图的语言，粒子过程能以非常简单的方式表示出来，不仅如此，还可以根据费曼图直接写出和过程有关的定量表示。

在当时，另一重大理论进展是相互作用中的对称性研究（对称性和守恒律）。1956年，李政道和杨振宁研究发现，在弱作用中宇称守恒事实上并没有得到实验上的证实，他们提出在弱作用中宇称是不守恒的。1957年，吴健雄小组在极化原子核 $^{60}$Co 的 β 衰变的实验中，证实了宇称不守恒（详见第五回）。

## （三）第三阶段（1964～今）

这个阶段的开始以提出强子由夸克组成的假说为标志。

1964年，美国物理学家默里·盖尔曼（M. Gell-Mann）和德国物理学家乔治·茨威格（G. Zweig）分别独立提出了强子结构的新模型（图1-11～图1-12），盖尔曼称之为夸克（Quark），茨威格称之为艾斯（Aces）。

图 1–11 默里·盖尔曼

图 1–12 乔治·茨威格

盖尔曼假设所有强子都是由更为基本的粒子构成，他称这种粒子为夸克，它们一共有三种。到了 20 世纪 70 年代，有更多能量更高、性能更好的加速器建成，虽然在这些加速器上没有找到夸克，但却得到了更有力的间接证据证明夸克存在。

1974 年，华裔科学家丁肇中与美国科学家伯顿·里克特（B. Richter）几乎同时发现了质量为质子的 3 倍多，但寿命却比通常的介子长约 1000 倍的新介子 J/ψ 粒子（图 1–13 ~ 图 1–14）。此后的发现和研究使夸克的种类扩充为 6 种，此外还发现了其他一些重介子，如 $D^{\pm}$、Υ 等，这些新粒子的发现，使粒子家族又增加了新成员，为研究基本粒子的内部结构提供了丰富的实验资料。另外，1975 年马丁·佩尔（Martin Perl）的研究小组发现重轻子 τ，它的质量很大，达到质子的两倍（图 1–15）。马丁·佩尔为研究轻子的结构及建立正确的弱电统一理论提供了新的线索，因此获得了 1995 年诺贝尔物理学奖。

1961 ~ 1962 年，盖尔曼和奈曼（Y. Neemann）各自独立提出强子分类的 SU(3) 八重态方案。1964 年，盖尔曼和茨威格提出了强子结构的夸克模型。至此，人们方知质子、中子同样具有内部结构，算不上基本粒子。

图 1–13　丁肇中

图 1–14　伯顿·里克特

图 1–15　马丁·佩尔

这一阶段理论方面的重大进展当属电弱统一理论的建立，1961 年，S. L. 格拉肖提出电磁相互作用和弱相互作用的统一理论。这个理论的基础是杨振宁和 R. L. 米尔斯在 1954 年提出的非阿贝耳规范场论，随后 S. 温伯格、A. 萨拉姆也在电弱统一理论的建立上做出贡献。

粒子物理学标准模型以夸克模型为结构载体，在弱电统一理论以及量子色动力学的基础上逐步建立和发展起来，格拉肖等人被称为标准模型的奠基人。20 世纪 60 年代，格拉肖、萨拉姆、温伯格为建立和发展标准模型做出了不懈的努力，他们三人获得了 1979 年诺贝尔物理学奖。

标准模型描述了与电磁力、强作用力、弱作用力三种基本力（没有描述重力），以及组成所有物质的基本粒子的所有物理现象，可以很好地解释和描述基本粒子的特性及相互间的作用。

理论方面还有一项成果是 1973 年戴维·格罗斯（D. Gross）、戴维·普利策（H. D. Politzer）和弗兰克·维尔泽克（F. Wilczek）提出的夸克“渐近自由”理论，并由此建立了强相互作用的量子色动力学理论（图 1–16 ~ 图 1–18）。所谓“渐近自由”指的是，夸克之间距离越接近强作用力越弱，当夸克之间非常接近时，强作用力是如此之弱以致它们完全可以作为自由粒子活动。

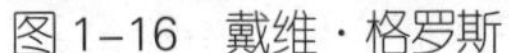
图 1–16　戴维·格罗斯

图 1–17　戴维·普利策

图 1–18　弗兰克·维尔泽克

量子色动力学是一门研究强核力的理论，夸克和胶子均带“色”，夸克之间的力称为色力或强核力，所以，量子色动力学是关于“颜色”的量子理论，不过这种“颜色”和我们经常看到的颜色是不同的概念。

近年来，随着科技的进步，在广大科技工作者的不懈攻关下，粒子物理学又有许多实验上的新发现以及理论上新学说。尤其是 2012 年 7 月 4 日，欧洲核子研究中心（CERN）宣布发现了一种新的粒子，具有和科学家们多年来一直在寻找的“上帝粒子”——希格斯玻色子相一致的特性，将使英国物理学家彼得·希格斯（P. Higgs）等人 1964 年提出的一种假说最终得到证实（图 1–19）。这里暂不赘述，容后再表。应该说明，上述这些粒子的理论预言者和实验发现者，大多数都获得了诺贝尔奖，正所谓“实至名归”。

图 1–19　彼得·希格斯

## 二　粒子物理学发展中的中国贡献

应该指出，在粒子物理学的发展中，我国科学家曾经做出过卓越的贡献，不少中国物理学家在粒子物理学领域取得出色成果。1930 年，赵忠尧曾在美国实验室中发现过正、负电子对产生和湮灭的现象（图 1–20），他的同事安德森为了弄清这种现象，利用云室观察到正电子。1948 年，张文裕发表了他在美国普林斯顿大学实验室积累的、用云室观察宇宙射线中 μ 子和物质相互作用的实验结果，提出 μ 子不参与强作用，是弱作用粒子，从而在实验上发现了第一种奇异原子——μ 子原子，开辟了奇异粒子物理的广阔研究领域（图 1–21）。1942 年，王淦昌建议并设计了寻找中微子的第一个实验；1956 ~ 1965 年，我国参加筹建联合原子核研究所，王淦昌领导的实验组建成 70 厘米丙烷气泡室，并于 1960 年发现反西格玛负超子，这是联合所 10GeV 质子同步稳相加速器建成后对粒子物理学的主要贡献（图 1–22）。

图 1–20　赵忠尧

图 1–21　张文裕

图 1–22　王淦昌

图 1–23　钱三强

在粒子理论研究方面，我国也是有贡献的。1965 年前后，我国物理学家钱三强组织的“北京基本粒子理论组”提出了“层子模型”，这是强子结构新领域的开创性工作（图 1–23）。近年来，中国的科研院所也参加了寻找“上帝粒子”的国际合作，迈上攻克“希格斯玻色子”之谜的艰难历程。

截至 20 世纪 90 年代，已发现的粒子达 450

多种，而且随着现代科技的发展，数目还有可能不断增加，这可能让物理学家们有点头晕了。随着物质探微的进展，基本粒子的含义也在改变。在这么多的粒子中，哪些才算“基本的”呢？“基本粒子”的含义又是什么？就其本意来说，基本粒子是构成物质的最小与最简单的单位，意即“不可分”。有人把基本粒子定义为：一种粒子，其内部不包含其他种类的粒子，它的每一小块都不能分出来。

综观探索物质微观结构的历史，从分子到夸克，科学家们已经揭开了微观世界的层层帷幕，开辟了一个又一个物理新天地。但是，这个探索是无止境的，粒子物理的大舞台将上演更加辉煌的剧目，让我们共同拭目以待。

正所谓：

粒子世界如此美妙，
引无数英雄竞折腰。
昔 J. 汤姆逊，
首开先河，
查德威克，
中子找到，
多才多艺，
M. 盖尔曼，
立下了汗马功劳。
俱往矣，
数风流人物，
还看明朝。

# 第二回

# 加速器里产生粒子
# 探测器似火眼金睛

### 望书归 · 实验设备

加速器，探测器，勇向微观探奥秘，捕捉粒子奇变化，高能实验显威力。

这首词说的是粒子物理实验研究所用的利器，正是这一回将要讲的内容。

话说物理学的发展，总是实验和理论两条腿走路，即科学实验和科学理论的研究相互依赖、相互促进，是相辅相成的。美籍华裔物理学家黄克孙说过：“过去的300多年里，物理学的伟大成就，是实验和理论密切结合的果实。”对于粒子物理学来说，实验与理论之间也是相互影响的，它们是研究基本粒子的两种手段，缺一不可。其中起决定作用的是实验手段，因为众所周知，物理学本质上是一门实验科学。正所谓“工欲善其事，必先利其器。器欲尽其能，必先得其法。”

上回书说了基本粒子的研究简史，至于怎样进行基本粒子的实验研究，涉及如何产生基本粒子、如何探测基本粒子、如何对它们进行实验分析，以及了解它们的内在规律和相互作用等一系列问题。要获得粒子束可以从放射性物质、宇宙线、反应堆和加速器获得不同种类、不同能量的粒子束，而进行粒子物理实验研究所用的工具大致包括粒子源（如加速器等）、探测器和数据分析处理设备（如计算机等）三个组成部分。

这一回将分别介绍加速器和探测器，数据分析处理设备则不加以讨论。此外，还有一些不使用加速器的实验装置，如用于粒子研究的原子物理和核物理仪器，在此也不做介绍。

## 一　加速器

如上一回所说，粒子物理方面的许多重大发现往往是和高能加速器的发展分不开的，可见高能加速器是进行粒子物理研究必不可少的重型实验设备。在这些设备中，高能粒子束或者与静止靶碰撞（“固定靶”实验），或者与另一粒子束对撞，使两束粒子发生对撞的加速器称为对撞机。

粒子加速器依据的物理原理是带电粒子在电磁场的作用下获得能量。实际上，我们家中的电视机或计算机显示图像的显像管里就包含一个“加速器”，只不过是一个能量相当低的“加速器”，它加速的是电子，其中阴极发射的电子被加速后发生偏转并轰击屏幕而发光（图 2–1）。

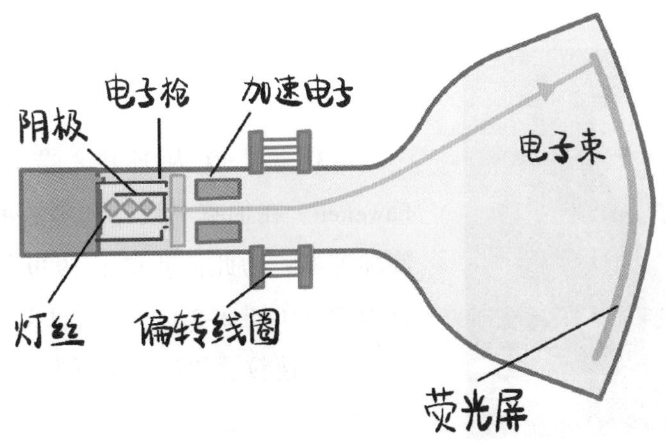


图 2–1　显像管结构示意图

电子的能量用电子伏（eV）表示，一个电子经过电势差 1 伏特的电场加速后的能量是 1 电子伏，电视机的显像管中电场的电势差大约 1 万伏，所以电子轰击屏幕时的能量约一万电子伏，也就是 10 KeV。在粒子物理学中，能量使用的单位是兆电子伏（MeV）。根据质能原理 $E=mc^2$，粒子物理学中的质量也使用这种单位。

从显像管的结构由小看大，一般粒子加速器应包括以下几个主要部分：（1）离子源；（2）加速系统，如静电场、射频电磁场、微波加速腔；（3）离子、电子光学系统；（4）粒子输运系统；（5）真空系统。

高能加速器的主要性能指标是用所加速的粒子的最高能量来表示的，通常分为低能加速器（能量为 $10^8$ eV）、中能加速器（能量在 $10^8$ eV ~ 1 GeV）、高能加速器（能量在 10 GeV ~ 1 TeV）、超高能加速器（能量在 1 TeV 以上）。高能加速器可以按不同的性能来进行分类，例如按所加速的粒子种类可分为质子加速器和电子加速器，按加速器的外形可分为直线型加速器、圆形加速器和环形加速器，按聚焦的方式可分为强聚焦加速器和弱聚焦加速器，按产生粒子流的强度可分为强流加速器和弱流加速器。

限于篇幅，下面仅简单介绍几种常见的高能加速器，我们先从回旋加速器讲起。

## （一）回旋加速器

图 2–2　欧内斯特 · 劳伦斯

1932 年，欧内斯特 · 劳伦斯（E. O. Lawence）在伯克利设计和制造了第一台回旋加速器，为此他获得了 1939 年度诺贝尔物理学奖（图 2–2）。顾名思义，回旋加速器内被加速粒子的运行轨道为环形，在运行过程中周期性地被加速。

回旋加速器的核心部分是真空室中的

两个D形的金属扁盒D1和D2，称为D形盒或D形电极，它们沿着直径把一个扁盒切成两半，两盒之间留有缝隙，在缝隙中间圆心处放置粒子源（图2–3）。整个装置放在巨大的电磁铁两极（N，S）之间，磁场的方向垂直于D形盒的底面。若D形盒接到电源上，在缝隙里就会有电场，电场力能使缝隙中的带电粒子加速。由于静电屏蔽作用，每个D形盒内部的电场强度为零，带电粒子进入盒内就不再受到电场力的作用。当两个D形盒D1、D2与高频交流电源相连接时，它们之间的电压将随时间不断改变。

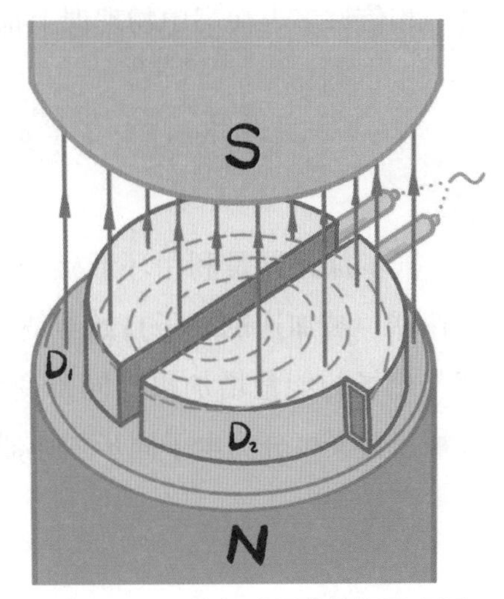

图2–3　回旋加速器的结构示意图

将粒子（例如质子）从盒子的中间注入，然后粒子开始沿盒子做圆周运动，磁场使其运动路径弯曲。当粒子完全在某一个半圆盒中运动时，通过切换电压的极性，可以使粒子从一个D形盒进入另一个D形盒时得到加速。由于粒子得到加速，它们的圆运动曲线半径越来越大，直到最后从盒子抽取出来，形成粒子束（图2–4）。在全部过程中，磁场是固定不变的，图2–5为世界上第一台回旋加速器实物照。

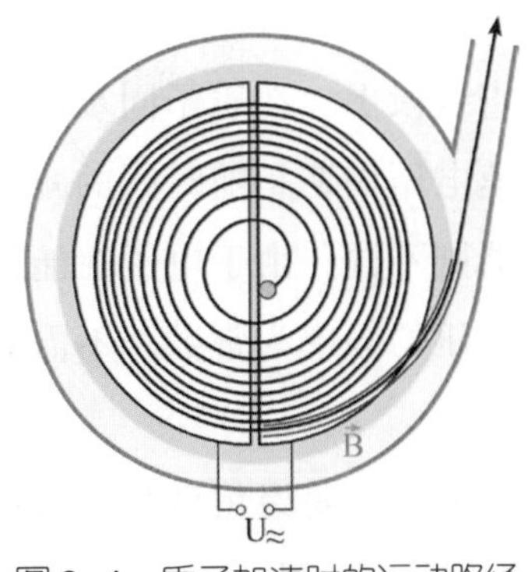

图2–4　质子加速时的运动路径

图2–5　世界上第一台回旋加速器实物照

相信许多人在高中物理课上都学过回旋加速器，这里就不多讲了。

### （二） 同步加速器

同步加速器是利用环形磁场加速带电粒子的加速器，其原理类似回旋加速器，被加速的粒子自始至终被约束在环形磁跑道里，粒子被加速的程度与磁场的能量增加幅度同步变化（图 2-6）。按被加速的粒子不同，同步加速器又可分为电子同步加速器和质子同步加速器。

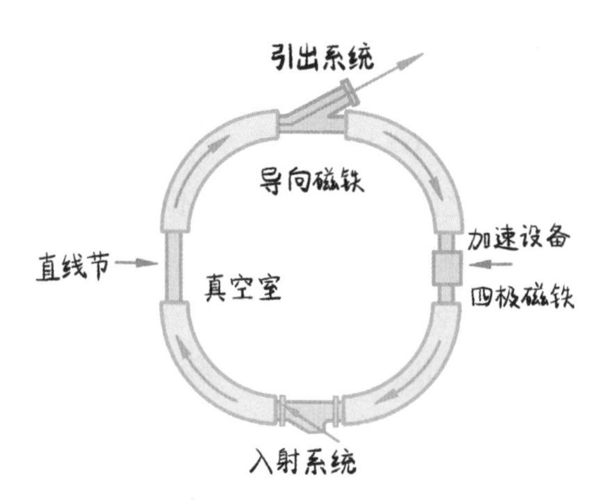


图 2-6 跑道式同步加速器示意图

一般来说，同步加速器为跑道式结构，即由几个圆弧形磁铁段和几个直线段组成，注入、引出和加速系统均安放在直线段上。在质子同步加速器中，轨道磁感应强度是随时间的增函数，加速电压周期是随时间的减函数，二者满足严格的数量关系。电子同步加速器则不同，由于电子在能量不是很高时速度就已接近光速，因此高频加速电压的频率为常数，不需要调整频率。

根据磁场聚焦能力的大小，质子同步加速器可分为弱聚焦型和强聚焦型两种。强聚焦型能使真空盒尺寸减小到弱聚焦型的 1/10 甚至 1/20，不但减轻了磁铁重量，而且具有离子束强度大等优点。强聚焦中很重要的一步就是设计一个磁场，使得粒子保持在束流管中，一系列的四极磁铁对带电粒子起到聚焦作用。在带电粒子运行的轨道上，插入若干加速设备，粒子可得到周期性的加速，就像跑马拉松的运动员沿途不断得到观众的“加油”帮助一样。

20 世纪 60 年代，世界上有了两个大型的质子同步加速器：位于纽约长岛的布鲁克海文国家实验室的交变梯度同步加速器 AGS 和位于瑞士日内瓦的欧洲核子中心的质子同步加速器 PS（Proton Synchrotron），它们分别能达到 30 GeV 和 28 GeV 的能量，这大约是当时最大的回旋加速器所能达到能量的 25 倍（图 2–7 ~图 2–8）。这些机器的直径大约 200 米，1974 年美籍华裔物理学家丁肇中率领的小组就是用布鲁克海文国家实验室的加速器发现了 J/ψ 粒子。近年，世界最大的质子同步加速器是美国费米国家加速

图 2–7　布鲁克海文国家实验室鸟瞰

图 2–8　欧洲核子中心

器实验室的 500 GeV 强聚焦质子同步加速器，它用了上千块磁铁，分布在直径 2 km 的圆周上，磁铁质量为 9000 t。

在过去的几十年里，加速器固定靶实验已提供了许多宝贵实验成果，例如证实了中子和质子是由夸克构成的；发现第四种夸克（粲夸克）和第五种夸克（底夸克）；发现时间和空间对称破缺，而通常人们总是认为时间和空间的对称是基本的对称性；为认识强子的相互作用提供了一大批资料。

近年来，新的高能粒子加速器的建造使发现新的重粒子（例如 W、Z、重夸克和新的轻子）得以实现，将来，更高能量的加速器将为发现更多新的粒子提供可能。

### （三） 粒子对撞机

由于基本粒子非常小，不能直接对其研究，只能使用间接的方法，例如让两个粒子发生碰撞，从而确定碰撞后产生了哪些粒子。在 20 世纪 60

年代以前，科学家用高能粒子去轰击静止的粒子，从而进行粒子物理研究，即所谓的固定靶加速器（图 2-9）。

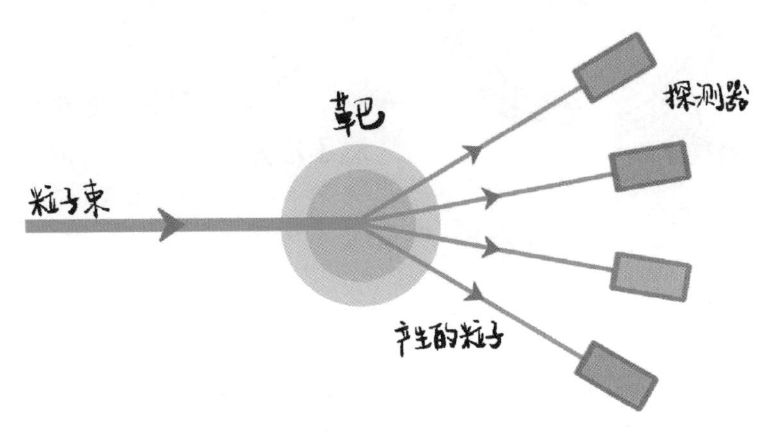


图 2-9　固定靶高能物理实验示意图

两个相对运动的物体碰撞比一个物体静止、另一个物体用同样的速度来碰的碰撞作用要大得多，因此在高能物理学中实现的粒子之间的对头碰撞，其碰撞效果比打静止靶的高几百甚至几十万倍，能量越高，提高倍数更大。实现粒子之间对头碰撞的装置，叫作对撞机（图 2-10）。贮存环是一台环形加速器，由排列成环形的磁铁组成，用以储存沿环形运动的粒子束，并发出高品质的同步辐射。同步加速器加速出来的粒子沿相反方向交替注入两个贮存环，粒子束被磁场束缚在贮存环中，使它们各沿相反方向回旋并积累起来，当积累到技术上允许的最大强度以后，两股粒子束流在环的交叉区发生对撞。当两束粒子流相交时，一束流中绝大部分粒子仅仅同另一束流中的粒子擦肩而过，并不发生碰撞，它们继续在贮存环中回旋。粒子束可以在贮存环中回旋许多小时，每秒钟绕环回旋数千甚至数百万次。对撞机能进行质子和质子、电子和正电子，质子和电子之间的对头碰撞，可以不用贮存环，而利用直线加速器产生的粒子束流对撞。

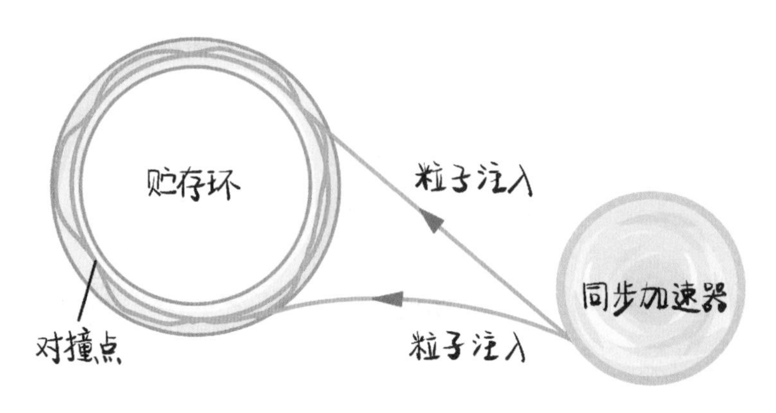


图 2–10　粒子对撞机示意图

对撞机的一个性能指标是亮度，用来量度单位时间内粒子发生相撞的次数，每秒钟发生的相撞次数越多，对撞机就越有用。对撞机的另一个性能指标是截面 S，表示两种粒子对撞的相对概率。

目前正在运行和设计的高能对撞机主要分为以下几类：

线性对撞机：主要指正负电子对撞机，目前正在运行的正负电子对撞机主要有中国的北京正负电子对撞机，质心能量为 3 GeV ~ 5 GeV；美国的 PEP–II，质心能量为 10 GeV ~ 15 GeV；日本的 KEKB，质心能量为 10 GeV ~ 15 GeV；等等。

强子对撞机：主要指质子—反质子对撞机和质子—质子对撞机，相对于正负电子对撞机，它更易于达到更高质心能量。正在运行的欧洲大型强子对撞机（LHC），质心能量可达 14 TeV，它将两束质子绕着周长 27 公里的环形轨道不断加速，是目前国际上正在运行的能量最高、规模最大的实验设备。

轻子—强子对撞机：主要指使高能电子—质子对撞的实验设备，只有德国汉堡的 HERA 属于此类对撞机，它于 1992 年开始运行，于 2007 年关闭。此外，利用 LHC 提供的高能质子束，即将建造的电子—质子对撞机被称为 LHeC。

利用对撞机的实验已变得日益重要，有赖正负电子对撞机和质子—质子对撞机的研制和工艺的迅速发展，取得了可观的实验成果，例如正负电子对撞机上的实验有粲夸克的发现和意料之外的电子新“亲戚”——$\tau$ 轻子，强子强喷注的发现为强力通过胶子传递的理论提供了许多证据。此外，质子—反质子对撞机也做出了重大贡献，成功地发现了弱力的传递者——W 粒子和 Z 粒子。今后，质子—质子对撞机和质子—反质子对撞机将发挥愈来愈大的作用。

在粒子物理最近几十年的发展中，高能对撞机已成为占主导地位的实验设备，今后它将对标准模型更精确的检验以及新物理的探测起到越来越重要的作用。

## 二　高能探测器

要研究粒子的构造及其相互转化的规律，必须对这些产生出来的基本粒子进行观测分析，这时需要使用专门的仪器设备观察高能粒子和所发生的现象，即高能探测器。例如，记录粒子的数目，分辨粒子的种类和特性，测量高能粒子的飞出角度、路径、能量、动量和速度等。

高能探测器本质上是一类传感器，是利用探测介质的物理或化学性能进行工作的仪器。探测介质有固体、液体和气体等。高能探测器工作条件有的要求改变压力，有的要求加直流高电压，还有的要求加脉冲高电压，等等，不一而足。一般来说，当高能粒子通过探测器时，会使探测介质的原子发生某些物理过程，例如，高能粒子穿过某些液体介质时，会使液体的原子激发和电离，在其附近骤然沸腾形成气泡；高能粒子经过某些气体介质时，会使气体原子电离而产生电火花；高能粒子经过某些晶体时，会产生荧光；等等。这些气泡、电火花、荧光很容易被观测和记录下来，从而探测到高能粒子的存在和运动。

高能探测器因其工作原理、工作条件、探测介质，结构的不同，种类也是多种多样的。如果按记录和测量的方式来分，大致可分为径迹探测器和计数器两大类。径迹探测器类包括气泡室、核乳胶、火花室、流光室等，用来显示、观测、记录粒子运动的轨迹。计数器类也称电子学探测器，包括闪烁计数器、切伦科夫计数器等，用来记录粒子的数目。此外，近年来又研制出兼有上述两类仪器功能的新型探测器，它们既可以短时间内记录大量粒子的数目，又可以定出粒子的径迹，例如多丝正比室、漂移室等。

## （一）气泡室

图 2–11　唐纳德·格拉泽

气泡室是 1952 年美国物理学家唐纳德·格拉泽（D. A. Glaser）发明的，是一种用以探测高能带电粒子径迹的粒子探测器（图 2–11）。当带电粒子通过过热液体（如氢、氦、丙烷）时，便会产生气泡，从而在探测器中显示出粒子走过的路径。在 20 世纪 50 年代以后，气泡室风行一时，曾带来许多重大的发现，如发现新粒子、共振态、弱中性流等，为高能物理学立下汗马功劳。唐纳德·格拉泽于 1960 年因发明气泡室获得诺贝尔物理学奖。

## （二）盖革 – 米勒计数器

盖革 – 米勒计数器是用于探测电离辐射的粒子探测器，根据射线能使气体电离的特性制成，至今仍然是核物理与粒子物理实验室中敏锐的“眼睛”。盖革 – 米勒计数器是德国物理学家汉斯·盖革（H. W. Geiger）在 1908 年为了探测 α 粒子而设计的（图 2–12），1928 年，盖革又和他的学生米勒（E. W. Müller）对其进行了改进，从而使其可用于所有电离辐射的探测（图 2–13）。

图 2-12　汉斯 · 盖革

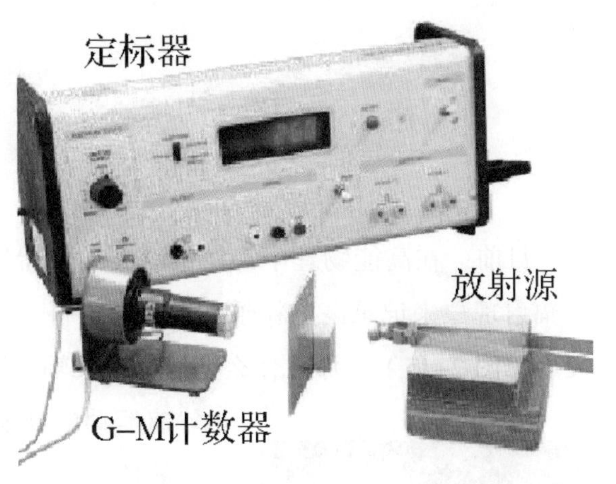


图 2-13　盖革 - 米勒计数器

盖革 - 米勒计数器是根据射线对气体的电离作用制成的，一般由 G-M 计数管、高压电源、定标器组成（图 2-14）。高压电源为计数管提供工作电压，射线进入计数管内，使气体电离，在离子增殖过程中，受激原子退激，发射紫外光子，由于光电效应产生光电子，从而放大产生电脉冲。定标器用来记录计数管输出的脉冲，由此测量得到单位时间内的射线数。

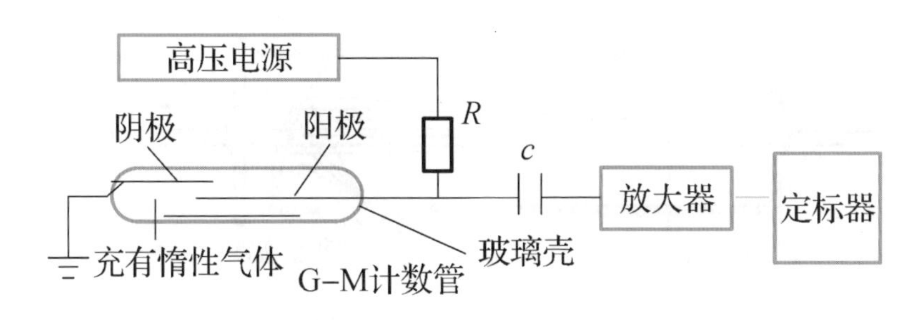


图 2-14　盖革 - 米勒计数器原理示意图

### （三） 切伦科夫计数器

目前，在高能物理中，切伦科夫计数器受到广泛使用，其利用切伦科夫辐射现象来记录高能粒子，它由切伦科夫（P. A. Cherenkov）于1934年发明（图2–15）。那么什么是切伦科夫辐射呢？简而言之，在介质中，当匀速运动的高能带电粒子速度超过光在介质中的传播速度时，就会产生微弱的可见光，这种辐射叫作切伦科夫辐射。由光电倍增管记录光子产生的电脉冲，就做成了切伦科夫计数器，它是一个装有透明介质（辐射体）和光电倍增管的暗盒，用于探测高速粒子（图2–16）。切伦科夫计数器具有计数率高、分辨时间短、能避免低速粒子干扰、准确测定粒子运动速度等优点，广泛应用于高能物理和宇宙射线的研究中，在粒子物理发展史上起过重要作用。

图2–15　切伦科夫

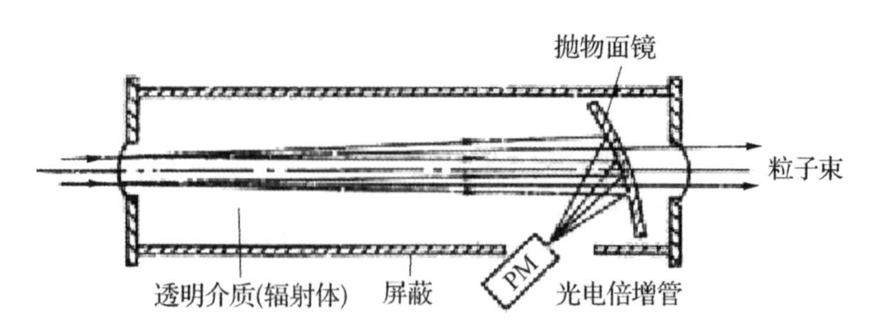


图2–16　切伦科夫计数器示意图

## （四）大型磁谱仪

随着加速器能量的增长，产生的粒子数目越来越多，需要测量粒子的参数越来越多，面对这些需求，单个探测器无法满足。20 世纪 60 年代末，出现了由多种探测器组成的大型磁谱仪，它可以同时测量粒子的多种性能，例如电荷、质量、自旋、宇称、寿命等，亦可测量粒子的多种运动学参量，诸如能量、动量、速度等。

高能探测器的发展和高能加速器一样，近年来都是越做越大，技术越来越复杂，图 2–17 为费米实验室装备的各种探测器。随着科学技术的发展，一些性能更好的高能探测器将不断涌现出来，让我们拭目以待。

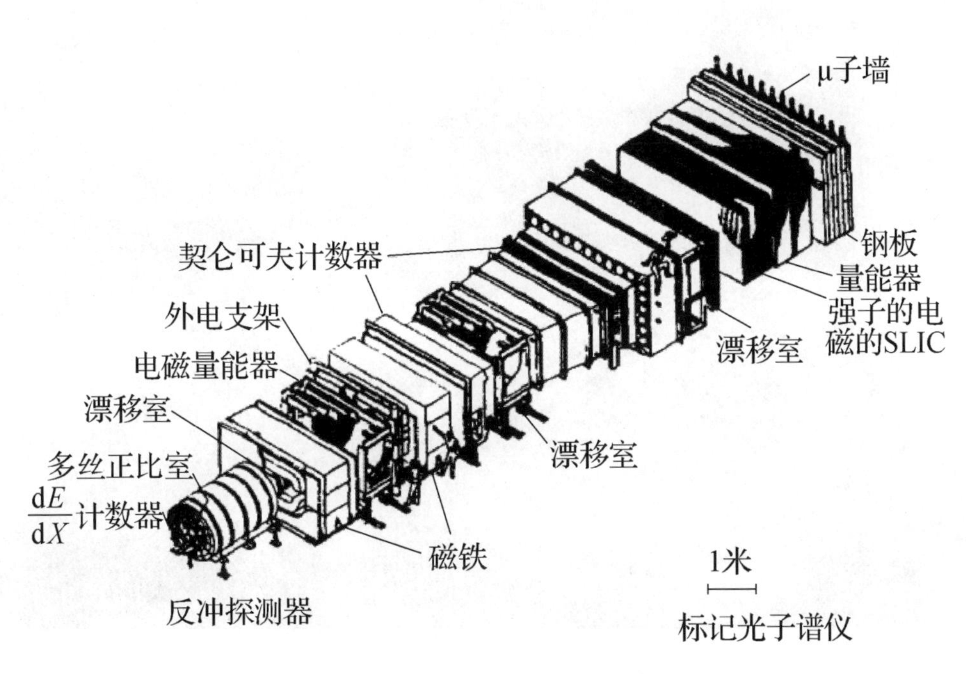


图 2–17　费米实验室装备的各种探测器

## （五）拉索

在此，我们简单介绍一项我国重大的科技基础设施：“拉索”（LHAASO）。“拉索”，高海拔宇宙线观测站，这项大科学工程位于四川省稻城县海子山，当地平均海拔 4410 米。在这片方圆 1.36 平方公里的雪域荒原上建立的设施蔚为壮观，它安装有先进灵敏的高能探测器阵列，为的是研究宇宙线及其起源，这是人类探测宇宙的重要途径（图 2–18）。观测站探测阵列由电磁粒子探测器阵列、缪子探测器阵列、水切伦科夫探测器阵列、广角切伦科夫望远镜阵列组成。

图 2–18　海子山高海拔宇宙线观测站全貌

“拉索”主体工程于 2017 年 11 月动工，2021 年 7 月完成全阵列建设并投入运行，2021 年 10 月 17 日通过工艺验收。专家认为，“拉索”是目前世界上规模最大、灵敏度最高的超高能伽马射线巡天望远镜和能量覆盖最宽广的宇宙线观测站，为系统开展高能宇宙线物理、极端条件下高能天体辐射及新物理研究提供了新的手段。

对种类繁多的高能探测器的原理、结构与应用等，这里不可能详细介绍，有兴趣的读者若想深入了解，可翻阅相关资料。

## 三　高能加速器的将来

高能物理实验设备日益大型化似乎已成为不可逆转的趋势，21 世纪的加速器体积将会更加庞大，然而，大型化必然使造价异常昂贵。同时，碰撞能量似乎难以大幅度提高，高能物理实验一时又无法给国计民生带来多大好处，这迫使有些国家叫停了建造超级对撞机的庞大计划。

尽管如此，随着科技的进步，加速器制造技术仍在不断的发展，在将来，加速器能量还会有很大提高，其成本和体积都有可能大幅度降低，这是人们努力的方向。

近年来，一些新型加速器正在研制，如尾流场加速器、等离子体型加速器、冲击相干加速器、集团加速器和逆切伦科夫加速器等，专业术语和具体原理这里不可能一一介绍，但是它们与现在的加速器相比，在加速电场、效率等方面都会有很大提高，还有可能大大缩小体积、降低造价，极具诱人前景。

# 第三回

# 粒子家族人丁兴旺 家庭成员禀性不同

有一首打油诗，诗曰：

世上有个大家庭，
成员禀性各不同。
动的瞬间能衰变，
静的亿年都稳定。
有的把物质构成，
有的把力来传送。
聪明的你来猜猜，
他们是什么东东。

且说20世纪中叶，随着大批粒子被发现，粒子物理这个领域可说是色彩缤纷，也正是因为粒子数太多，在20世纪60年代之前，粒子物理的情况让人眼花缭乱。多少年来，在物质结构的微细层次里虽然发现了许多新的现象，提出了不少新的概念、新的模型，然而千头万绪仍欠条理，众说纷纭，谁能来拨乱反正呢？

在20世纪，随着更多的新粒子不断被发现，各种粒子的数量不断增多，需要用科学的方法来把它们分类，分析彼此之间的关系，就像用元素周期表对元素进行分类一样。如何分类呢？人们首先想到的是粒子按其内禀特性分类，这些内禀特性包括质量、电荷、自旋、寿命、同位旋、宇称等，它们的总和是判别和区分粒子种类的依据，正如我们用若干特征来区别各种植物、各种动物、各个人种一样。

## 一　质　量

质量是描述粒子性质的重要物理量，是可测量的。粒子物理学中的质量指的是粒子的静止质量。电子是静止质量最轻的粒子，最重的粒子是Z粒子，其质量约为电子的178448倍。光子、中微子和反中微子是永远以真空光速运动的粒子，它们的静止质量都为零（后来发现，中微子是有质量的）。

平常宏观物质的质量单位是g或kg，可是微观世界里粒子的质量用电子的静止质量$m_e$为单位来表示，例如质子的质量可写为$m_p$=1836.1515 $m_e$；电子伏特本是能量单位，由于有著名的爱因斯坦质能公式，也就可以用电子伏特（eV）为质量单位来表示，1 eV=$1.602\times10^{-19}$ J。因为eV是很小的质量/能量单位，所以粒子物理学中会用相关单位，如MeV、GeV、TeV等。这样一来电子的质量为0.511 MeV，质子的质量为938.2796 MeV。

另外，还有一个名词“能标”，是指一定的能量尺度或级别。例如，普朗克能标（普朗克质量）为$10^{19}$ GeV。

## 二　电　荷

多数基本粒子具有电荷。实验发现，粒子的电荷总是基本电荷e的整数倍，因此粒子物理学中取作粒子电荷的单位，例如质子电荷为1，电子电

荷为 -1，一般在粒子符号的右上角标明所带电荷，例如 $\pi^+$ 介子电荷为 1，$\pi^-$ 介子电荷为 -1，$\pi^0$ 介子电荷为 0。但是，根据夸克模型，构成强子的夸克可以有分数电荷，如 ±2/3 和 ±1/3。电荷用字母 Q 表示。

## 三 自 旋

基本粒子并不是没有内部运动的质点，而是像地球那样，其在不断地“自转”，或者说会像陀螺一样，绕着一种理论轴自转（只是类比，两者本质迥异）。不过有一点不同，陀螺的旋转可以快、可以慢，但是基本粒子的自转速度却永远不变。表示这种“自转”的物理量叫自旋，自旋的概念是乌伦贝克（G. E. Uhlenbeck）和古德斯米特（S. Goudsmit）于 1925 年提出的（图 3–1）。

图 3–1 （左起）乌伦贝克、克拉莫斯和古德斯米特

他们认为，除轨道运动外，电子还存在一种自旋运动，电子本身具有自旋角动量 $S$ 及相应的自旋磁矩 $m_s$，自旋角动量 $S$ 是矢量，自旋角动量大小为：

$$S=\sqrt{s(s+1)}\hbar$$

式中，$s$ 称为自旋量子数，简称自旋；$\hbar$ 是自旋的单位，叫作约化普朗克常数，读作 $h$ 拔（ba），$\hbar=h/(2\pi)$。每个电子都具有同样的数值 $s=1/2$，则

$$S=\frac{\sqrt{3}}{2}\hbar$$

根据角动量的一般理论，自旋角动量的空间取向也应是量子化的，它在外磁场方向的投影 $S_z$ 为

$$S_z=m_s\hbar$$

式中，$m_s$ 称为自旋磁量子数，它只能取两个值，即

$$m_s=\frac{1}{2},\ -\frac{1}{2}$$

当把电子放置在一个磁场中时，它的自旋取向可以与磁力线的方向相同或相反，这导致出现了“上旋”或“下旋”的取向，分别由量子数 +1/2 和 –1/2 来描述。

后来发现，几乎所有的其他粒子也都具有相似的自旋量子数（等于 1/2 或它的某个整倍数），例如正、负电子的自旋为 1/2，相同的基本粒子还包括中微子和夸克，光子是自旋为 1 的粒子，理论假设的引力子的自旋为 2，已经发现的希格斯玻色子在基本粒子中比较特殊，它的自旋为 0。

自旋是粒子的固有属性，每一种粒子具有一个固定的自旋值，永远不变。在实验中，人们发现基本粒子的自旋都是 $h/2\pi$（$h$ 是普朗克常数）的半整数倍或整数倍。粒子可以按自旋量子数 $s$ 的取值分为两类：有整数自旋（如 0，1，2，…）的粒子叫玻色子，服从玻色 – 爱因斯坦统计律；有

半整数自旋（1/2，3/2，5/2，…）的叫费米子，服从费米－狄拉克统计律。基本粒子按其自旋的分类是基本粒子的根本分类，正像人类可分为男女两种性别一样（图 3–2）。

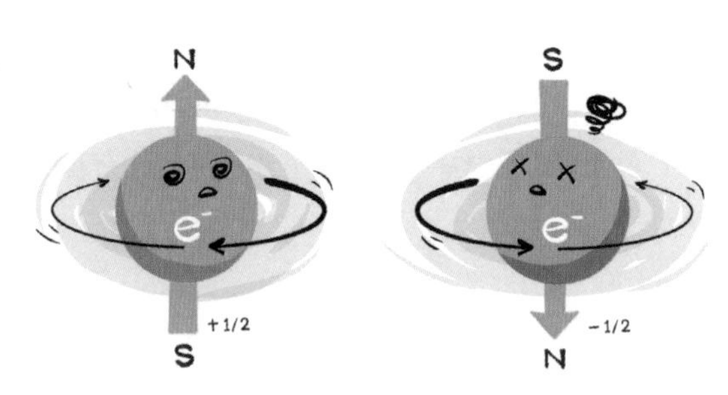


图 3–2　电子自旋示意图

## 四　寿　命

除了光子、质子、电子、中微子是稳定的，其他绝大多数的粒子都会自动变为其他粒子，这个过程叫作衰变。对于单个粒子，从它产生到衰变的这段时间就是它的寿命。由于同一种粒子的寿命有长有短，因此通常所说的粒子寿命，都是平均寿命，而且都是粒子静止时的平均寿命。每一种粒子的平均寿命都是一定的，比如电子的平均寿命 $r>10^{22}$ 年，质子的平均寿命 $r>10^{31}$ 年，这些都是稳定的粒子；$\pi^{+}$ 介子的平均寿命 $r=2.6\times10^{-18}$ 秒。

## 五　同位旋

质子和中子统称为核子，质子和中子的质量相近［$m_p$=（938.27231±0.00028）MeV，$m_n$=（939.56563±0.00028）MeV］，自旋都是 1/2，重子数都是 1。

它们的区别只是荷电不同，质子电荷为 +1，中子电荷为 0，它们是同一种粒子但处于不同的荷电状态，它们质量的微小差别可以归结于荷电状态不同。同位旋（Isospin）就是用来描述粒子荷电状态的量子数，用符号 I 来表示。

图 3–3 海森堡

德国物理学家海森堡提出，由于质子和中子如此相似，我们可以把它描写为一种粒子，即核子 N 的两个不同的带电状态，这就引进了“同位旋”的概念（图 3–3）。在强相互作用中，同位旋守恒。

同位旋的名称来源于类比，之所以称为“同位”是和同位素概念类比而来的。同位素是指在周期表中位置相同但质量不同的元素，由于质子和中子的质量仅有微小的差异，它们在强相互作用中的地位相同，因而借用了“同位”这个词。

同位旋之所以叫作“旋”是类比于自旋。同位旋在概念上与自旋相似，只是它们隶属于不同的空间，同位旋是指在某种假想空间中的“角动量”，自旋是现实三维空间中的角动量。同位旋和自旋的相似性在于它们的数学结构完全相同，描述同位旋性质的数学工具也和描述自旋的数学工具相同。

对于同位旋，类比于自旋在普通三维空间某一特定方向的投影，也引入一种假想空间中某个方向的投影，其值称为同位旋的第三分量 $I_3$，它的值与粒子所带电荷有关，且只有两个值：

$$I_3=-1/2，1/2$$

质子和中子的同位旋量子数都是 1/2，用 $I_3=1/2$ 来表示质子；$I_3=-1/2$ 来表示中子。根据实验可知，每个强相互作用粒子都有一定的同位旋及其第三分量。

除了质量、电荷、自旋、寿命、同位旋以外，还有许多表征粒子特性的物理量，称为量子数，有的专属某一大类粒子，这些物理量的取值反映了粒子参与的相互作用性质和行为，这里暂且不表。

## 六 宇 称

许多读者对“宇称”这个词可能并不陌生，因为大家听说过：华裔物理学家李政道与杨振宁由于提出弱相互作用中宇称不守恒理论而获得 1957 年诺贝尔物理学奖。那么究竟宇称是什么意思呢？

所谓“宇称”，简单地说，宇称是指一种对称性，是一种空间的“左右对称”或“左右交换”，按照这个解释，所谓“宇称不变性”就是“左右交换不变”，或者“镜像与原物对称”。其实，宇称就在大家身边，我们每天都要照镜子，镜中的“我”和镜子前的“我”是不变的全等形，形象不变，所处的上下、前后的方位也不变，只是左右变了，这就是所谓“左右对称”。

在物理学中，这种“对称性”就是指物理规律在某种变换下的不变性。在宏观物理学中，物体的运动规律是左右对称的，也就是说，物体和它在镜子中的映像的运动规律是一样的。运动规律对于空间的这种对称性质，即不变性，在微观物理学中导致了一个新的物理量——宇称，它反映了微观粒子的空间左右对称的性质。在粒子物理学里，反演就是所有三个空间坐标同时对原点反号（$r \rightarrow -r$），宇称是描述粒子在空间反演下变换性质的量子数，记为 P，只有 +1 和 –1 两个值。如果描述某一粒子的波函数在空间反演变换下改变符号，则该粒子具有奇宇称（P=–1）；如果波函数在空间反演下保持不变，则该粒子具有偶宇称（P=+1）。

对自旋为整数的粒子，根据其自旋和宇称，把 $J^P=0^+$ 的粒子称为标量粒子，$0^-$ 的为赝标量粒子，$1^-$ 的为矢量粒子，$1^+$ 的为赝矢量粒子，自旋为 2 的为张量粒子。

## 七 碰撞截面（散射截面）

对基本粒子进行实验研究时，常使用碰撞的方法，例如使两个粒子发生碰撞，进而确定碰撞后产生了哪些粒子。碰撞概率的大小通常用碰撞截面（即散射截面，简称截面）的大小来表示，碰撞事例出现得多，称碰撞截面大；出现得少，则称碰撞截面小。在粒子物理学中，截面的量纲与面积的量纲相同，单位是靶恩，1 靶恩 $=10^{-28}$ 平方米。

除了以上几种物理量，还有其他许多表征粒子特性的物理量，如标示六类夸克性质的量子数：上数、下数、奇异数、粲数、底数、顶数。这些物理量的取值（量子数）反映了粒子参与的相互作用的性质和行为，粒子的不同直接反映在参与的相互作用性质和行为的不同，这些将在后面介绍，这里暂不赘述。

# 第四回

# 粒子间存在作用力 强力弱力电磁作用

第一回书说到，缤纷世界由粒子构成，若要问，一盘散沙似的粒子，怎么能构成物质世界呢？为什么原子核中的质子和中子能聚在一起呢？这是因为，在粒子之间存在着多种相互作用，或者说存在着力。正是由于这些相互作用导致了粒子的产生、湮灭和相互转换，构成了粒子运动丰富生动的图像。

从粒子物理学的角度来看，粒子之间的相互作用可以归结为 4 大类，即强作用、电磁作用、弱作用、万有引力，或称作强力、电磁力、弱力、引力，其强度是递减的。强力、电磁力、弱力三种基本相互作用都是用规范理论来描述的。规范理论是以规范不变性为基础的理论，它不随时空坐标系（即“规范”）的任意变化而改变。规范理论是高深的数学理论，在这里不可能详细解释。以杨－米尔斯理论为基础的规范场论可以说是 20 世纪后半叶最伟大的物理成就之一，它成功地为量子电动力学、弱相互作用和强相互作用提供了一个统一的数学形式化架构——标准模型。

粒子间的相互作用是通过交换媒介粒子来实现的，就好像人与人的联系是通过信件来往一样。不同的相互作用的区别在于媒介粒子的不同以及粒子放出和吸收媒介粒子的能力不同。粒子间相互作用随距离的减弱行为用相互作用的力程描述，力程的物理意义是相互作用的有效作用范围，力程的数值和媒介粒子质量的倒数成正比。如果媒介粒子的质量用吉电子伏特（GeV）为单位，力程用费米（fm）为单位（费米是微观世界的长度计量单位，又称飞米，1 费米 $=10^{-15}$ 米），则力程的值可以由 0.197 除以媒介粒子的质量而得出。粒子放出和吸收媒介粒子的能力用相互作用耦合常数来描述。

粒子间相互作用的区别可以从多方面表现出来：第一，相互作用的强度不同，甚至相差很大；第二，相互作用所引起的粒子反应和转化过程的迅速程度不同；第三，相互作用的力程长短不同。

## 一　粒子间的四类相互作用

### （一）电磁相互作用

电磁相互作用是一切带电粒子或具有磁矩粒子间的相互作用，这种作用人们研究得比较透彻（图 4-1）。绝大多数基本粒子都带有电荷，不过有的带正电荷，有的带负电荷，同性电相斥，异性电相吸。有些基本粒子虽然不带电，但是却有磁性，能够激发磁场，它们也参与电磁相互作用。电磁作用是一种长程力，它是以电磁场为媒介来传递的。电磁场由基本粒子光子组成，因此电磁作用实质上是通过带电粒子间的光子交换而实现的。光子的静止质量为零，这就决定了这种相互作用是长程作用，即力程等于无穷大的相互作用。正因为电磁相互作用是长程作用，且随距离的增加而减弱得不快，所以在宏观世界中就可以观察和研究。事实上，在 19 世纪人们就已经在宏观世界中将电磁相互作用研究得相当清楚了，所以电磁相互作用是我们最熟悉的相互作用。

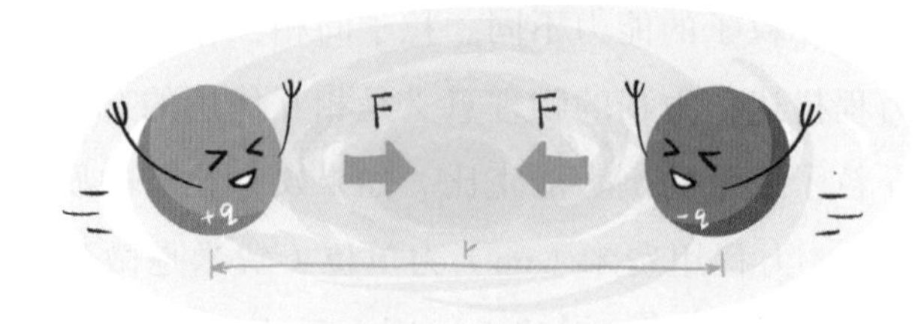


图 4–1　静电力示意图

## （二） 弱相互作用

从中学物理中大家就知道原子核的 β 衰变，β 衰变即放射电子，实质上就是中子衰变为质子、电子及电子中微子的过程（图 4–2）。这种过程是由弱相互作用而引起的，弱作用是一种短程力，寿命在 10 秒及 10 秒以上的不稳定粒子的衰变，即属于这类相互作用。

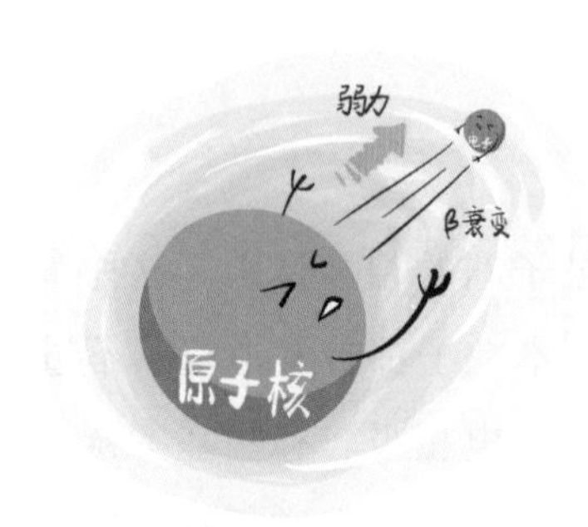


图 4–2　弱力示意图

弱相互作用的媒介粒子是带正电荷和带负电荷的 $W^+$ 和 $W^-$ 粒子，以及不带电的 $Z^0$ 粒子。这三种粒子都有很重的静止质量，W 粒子的质量是质子质量的 85.5 倍，Z 粒子的质量是质子质量的 97.2 倍，这就决定了弱相互作用是力程很短的短程力，其力程约为千分之二点四费米，即一百亿亿分之二点四米。

## （三） 强相互作用

使原子核中的质子和中子聚在一起的力叫强相互作用，或称强力（图

4-3）。这种作用力很强，比电磁相互作用要强上 100 多倍。只有重子，介子才有强相互作用，所以经常把重子和介子统称为强子。强相互作用的媒介粒子是介子和胶子，最轻的介子是 π 介子，它的质量是质子质量的 0.149 倍，这就决定了强相互作用也是短程力，其力程比弱相互作用的力程大约 3 个数量级，约为 1.4 费米，即一千万亿分之一点四米。

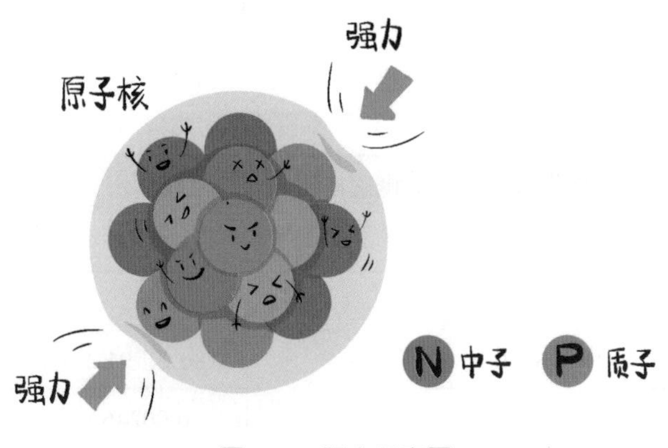


图 4-3　强力示意图

## （四）万有引力

万有引力是一种大家熟知的引力相互作用，它的媒介粒子是迄今尚未发现的“引力子”。万有引力是使太阳和行星形成太阳系的力（图 4-4），它在天体世界中显得十分巨大，可是在基本粒子的世界中，由于粒子的质量都很小，所以与质量成正比的引力就非常小。世界万物皆存在着万有引力作用，基本粒子引力作用的数量级为 $10^{-39}$，比弱作用还小 29 个数量级，所以，在基本粒子领域中通常是可以忽略不计的（表 4-1）。

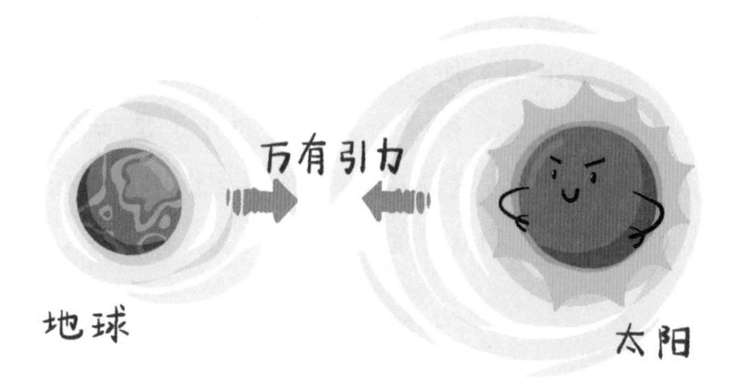


图 4–4　万有引力示意图

表 4–1　四种基本相互作用比较

| 相互作用类型 | 强作用 | 电磁作用 | 弱作用 | 引力作用 |
|---|---|---|---|---|
| 媒介粒子 | 介子、胶子 | 光子 | $W$、$Z$ | 引力子 |
| 媒介粒子自旋 | 0，1　1 | 1 | 1 | 2 |
| 质量（GeV） | 0.1396　0 | 0 | 80.2，91.2 | 0 |
| 力程（费米） | 1.413 | ∞ | 0.00246 | ∞ |
| 宏观表现 | 无 | 有 | 无 | 有 |
| 相互作用强度 | 0.15 | 0.0073 | $6.34\times10^{-10}$ | $5.90\times10^{-39}$ |

注：表 4–1 中相互作用强度用有效耦合常数表示

有一首科学诗，说的是“四种力”，诗曰：

宇宙生了四兄弟，
通称四种基本力。
老大力气为最大，
他的名字叫强力，
只是威力范围很微小，
他只作用在强子里，

介子胶子作媒介，
他把质子中子聚一起。
老二名叫电磁力，
人们对他最熟悉，
手机电视应用最广泛，
电磁波传千万里。
弱力排行是老三，
比老大小 11 个数量级，
弱力作用范围也很小，
力程只有千万分之二费米。
老四就是万有引力，
他曾把苹果吸落地，
人们普遍受他控制，
还叫地球绕着太阳飞，
天体世界中他十分巨大，
基本粒子中他忽略不计。
弟兄四个回首望，
是否还会生小弟弟。

## 二　粒子过程的“反应式”

许多人在高中物理课上都学过核反应方程式，例如 β 衰变的反应方程式为

$$^{234}_{90}\mathrm{Th} \rightarrow {}^{234}_{91}\mathrm{Pa} + {}^{0}_{-1}\mathrm{e}$$

式中，Th、Pa 为核素符号；e 为电子。左上表示质量数，左下表示质子数

（即电荷数）。衰变前后的质量数和电荷数都守恒。

正像核反应方程式一样，任一基本粒子过程都可用一个反应式表示，或者说用方程式表达，所以又称作过程方程式。比如，原子核的 β 衰变，即中子衰变为质子、电子及电子反中微子的过程，其过程反应式如下：

$$n \rightarrow p + e^- + \bar{\nu}_e$$

式中，n、p 等为粒子符号，→代表过程进行方向。

写粒子反应过程反应式应当注意，粒子反应必须遵守一些守恒的规律，例如电荷守恒的规律。

## 三　粒子过程的形象表示——费曼图

美国物理学家理查德·费曼发明了一种描述粒子过程的形象化表示法，按照这种方法，一切粒子过程都可以用图形来表示，这就是费曼图。费曼图能够为所要描述的物理现象给出一个非常直觉、清楚的图像，还可以轻易而精确地分析这些现象，是全世界粒子物理学家不可缺少的方法。费曼图是物理界的珍贵资源，不仅仅是因为它们看起来简单、直观、有趣，能帮助我们对场论中的相互作用进行直观形象地思考，更重要的是，费曼图简化了场论中的计算。需要说明的是，物理学家斯坦伯格（J. Steinberger）也有类似想法，曾在不起眼的杂志上发表过论文，但是他并没有画出图形。

### （一）理查德·费曼

理查德·费曼，1918 ~ 1988 年，美籍犹太裔物理学家，生于纽约的布鲁克林。费曼小时候就与众不同，有“神童”之誉。他从小头脑灵活，想法独特，干什么都能想出一些新主意。

1939 年，费曼以优异成绩毕业于麻省理工学院，1942 年 6 月获得普林斯顿大学理论物理学博士学位。后来，他先后在康奈尔大学和加州理工学院任教。1965 年，他因量子电动力学方面的工作和朝永振一郎、施温格共同荣获诺贝尔物理学奖。

费曼擅长图像思维，依靠这种思维方式发明了将粒子过程可视化的费曼图。他被认为是爱因斯坦之后最睿智的理论物理学家，也是第一位提出纳米概念的人。他与默里・盖尔曼一起，在 β 衰变等弱作用领域进行了奠基性的工作。在随后几年里，费曼在发展用于解释高能质子碰撞的部分子模型的工作中，起到了关键的作用。

费曼人生最精彩的一段是他做的“O 形圈冰水实验”。1986 年 1 月 28 日，美国“挑战者”号航天飞机发射升空后发生爆炸，7 名宇航员全部遇难。事后成立了总统调查委员会，费曼是该委员会的成员。他用一杯冰水和一个橡胶圈在国会做实验演示，向公众揭示了航天飞机失事的根本原因——低温下橡胶失去弹性，后来，人们将这一幕说成是整个 20 世纪最动人、最精彩的科学实验之一。

费曼不仅是一位优秀的物理学家，也是一名出色的教师，著有许多教材和科普书籍（图 4–5）。当年，他在加州理工学院任教时期的讲义，也就是闻名世界的《费曼物理学讲义》，至今还是物理专业学生们的学习至宝（图 4–6）。费曼多才多艺，是一位音乐爱好者，非洲鼓打得非常好；晚年还喜欢绘画。

图 4–5　费曼也是出色的教师

图 4–6　《费曼物理学讲义》书影

有人评价说，费曼是20世纪最伟大的物理学家，一位独辟蹊径的思考者，一位超乎寻常的教师，一位尽善尽美的演员。

朱世豹先生在《科学诗百首》中用这样一首诗赞美费曼：

费曼对量子电动力学的深入研究，
使他成为荣获诺贝尔奖的大物理学家。
他发明了无处不在的费曼图，
成为高能物理学中不可缺少的方法。
他生动的讲课，
使听者充分享受物理学的“美味佳肴”。
在费曼的表达才能面前，
物理知识展现无穷变化。

### （二）费曼图

在费曼图中，粒子用线段表示，而粒子间的相互作用用这些线的交点来表示，这样的相互作用点称为顶点。例如，在正负电子对湮灭产生两个光子的费曼图中，波线表示光子，带箭头的实线表示电子或正电子；顺箭头方向运动的是电子（粒子），逆箭头方向运动的是正电子（反粒子）。按照惯例，过程沿时间方向进行（图4-7）。

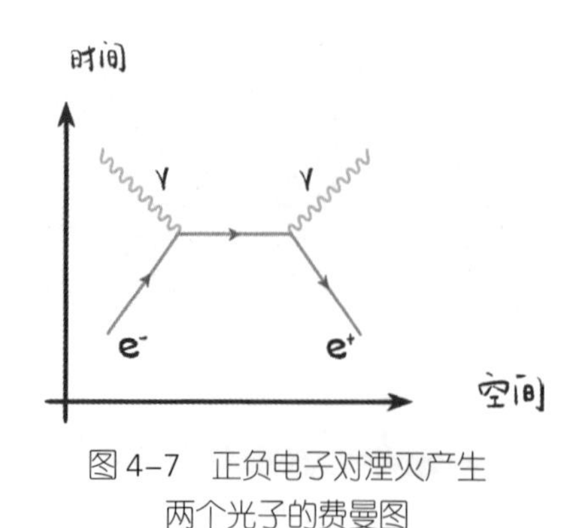


图4-7　正负电子对湮灭产生两个光子的费曼图

粒子过程可以用费曼图的语言，以非常简单的方式表示出来，不仅如此，还可以根据费曼图直接写出和过程有关的定量表示。

费曼图是用图解法代替冗长计算公式的一种方法，它不仅直观性强，物理含义一目了然，而且按一定的规则便可导得具体的理论计算公式。尽管不同书中对费曼图规则的规定各具不同特点，但基本规则是相同的。

费曼图也可用于其他场论问题，并在固体理论中得到广泛应用。

费曼图有一系列简单的规则，即费曼规则（图 4–8）。

费曼图也可以表示三种基本相互作用过程（图 4–9）：图（a）表示电子与电子的散射，这是电磁相互作用过程；图（b）表示中子衰变为质子、电子和电子反中微子，这是弱相互作用过程；图（c）表示核子（质子和中子）的散射，这是强相互作用过程。

欲知费曼图如何表示粒子过程，且听后面几回具体讲解。

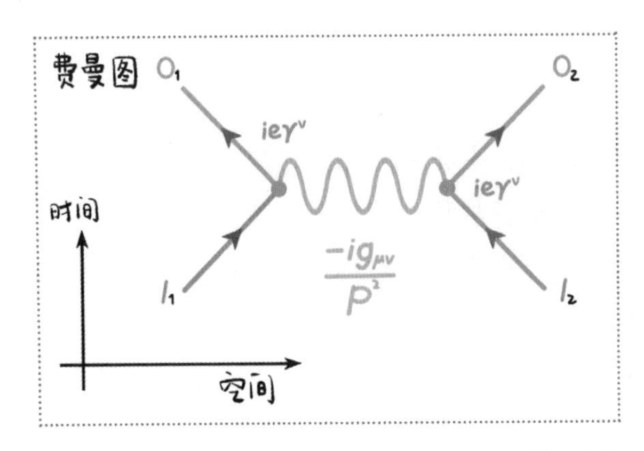


公式 $(O_1 ie\gamma^\nu I_1)\left(\frac{-ig_{\mu\nu}}{P^2}\right)(O_2 ie\gamma^\nu I_2)$

对应关系

| 对应物 | 图示 | 算符 |
|---|---|---|
| 入射粒子 | | $I$ |
| 出射粒子 | | $O$ |
| 光子 | | $\frac{-ig_{\mu\nu}}{P^2}$ |
| 交点 | | $ie\gamma^{\mu\ or\ \nu}$ |

图 4–8　费曼规则

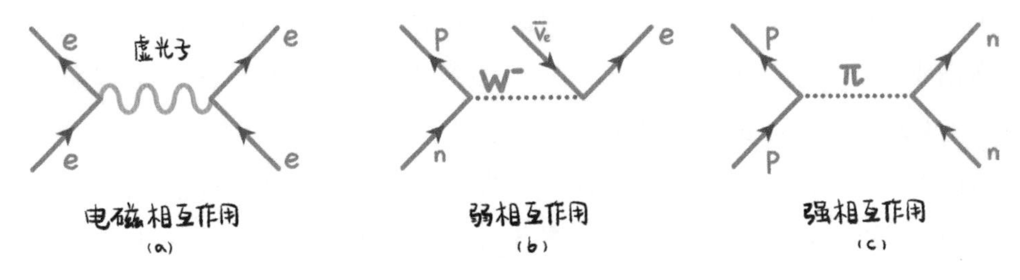


图 4–9　三种基本相互作用的费曼图

# 第五回

# 粒子反应有守恒律 守恒律对应对称性

六出飞花入户时，坐看青竹变琼枝。

这是唐代高骈《对雪》中的诗句，雪花呈六角形，故诗中以“六出”称雪花；竹枝因雪覆盖，似白玉一般，故称“琼枝”。雪花的六角形是自然界对称性的表现，在粒子世界同样也有许多对称性，这正是本回要讲的内容。

列位看客，讲粒子物理不能不谈对称性与守恒律，因为这两个概念在粒子物理中占有重要的地位。

对称的概念源于生活，生活中的对称随处可见。人们最早认识对称性是从几何图形开始的，例如一个矩形是对称的，又如图 5-1（a）的六角星、图 5-1（b）的圆以及图 5-1（c）的花瓶，均属对称图形，这是显而易见的。对称性的实质是某种不变性，比如将图 5-1（a）的六角星旋转 60°，整个图形完全不变；将图 5-1（b）的圆旋转任意角度，图形不变；将图 5-1（c）的盆花按虚线作左右变换，图形也不变。实际上，图 5-1（c）的右半边正是左半边在镜子中的像。

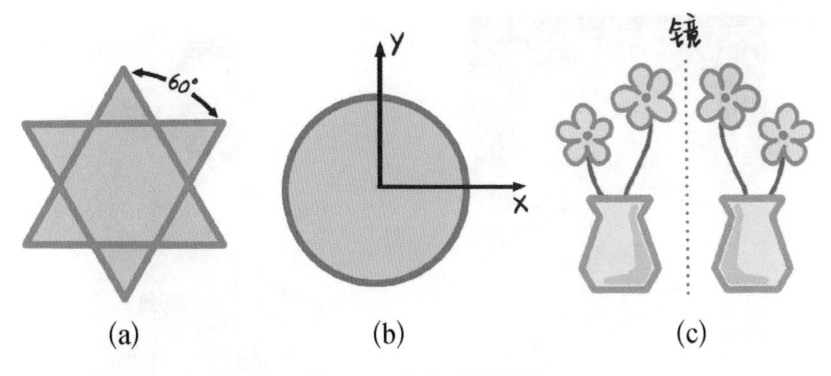


图 5-1　几种对称图形

对称性在自然界中是常见的，它体现了一种自然美。从物理学的观点来看，对称性与守恒律之间存在着因果关系，在物理学中，对称性具有更为深刻的含义，指的是物理规律在某种变换下的不变性。所谓变换，是指把系统从一种状态变到另一种状态，或者说对系统实行一种“操作”（图 5-2）。通常对系统的操作是时间与空间上的，对时间的操作包括时间平移与时间反演，对空间的操作包括空间平移、转动、反演、镜像反射、标度变换等。

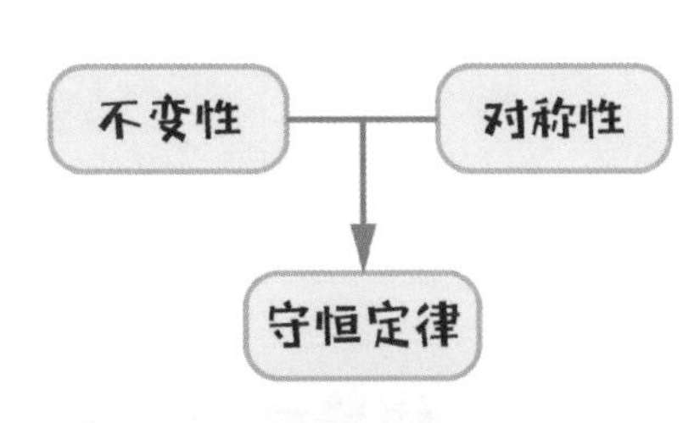


图 5-2　对称性（不变性）与守恒定律的关系

德国数学家赫尔曼 · 外尔（H. K. H. Weyl）首先提出：所谓系统的对称性就是系统在某种变换操作下具有的不变性（图 5-3）。例如，系统在空间平移变换下不变，称系统具有空间平移对称性；系统在时间反演变换下不变，称系统具有时间反演对称性。

20 世纪初，对称性与守恒律的关联被揭示出来。被爱因斯坦称作天才的德国女数学家艾米 · 诺特（E. Noether）在 1918 年总结成定理，通常称为诺特定理：从每一自然界的对称性可得一守恒律；反之，每一守恒律均揭示了蕴含在其中的一种对称性（图 5-4）。这个定理揭示了对称性与守恒律之间的因果关系。

图 5-3　赫尔曼 · 外尔

图 5-4　艾米 · 诺特

## 一　能量守恒、动量守恒和角动量守恒与对称性

可以证明，一种对称性必然导致一条守恒律。能量守恒、动量守恒和角动量守恒就分别与三种对称性密切相关：

能量守恒律——时间平移对称性（或不变性）
动量守恒律——空间平移对称性（或不变性）
角动量守恒——空间转动对称性（或不变性）

### （一）时间平移对称性

将整个时间移动一下，物理规律不会改变，时间平移对称是最常见的对称形式。例如，300 年前总结出来的牛顿运动定律，在过去、现在和将来都是成立的，不会因时间平移而改变。因此，时间平移操作也是物理规律的对称操作。

### （二） 空间平移对称

如果形体作一平移后，仍与原形体重合，该形体就具有空间平移对称性。

比如一块刚体，原来处于位置 A，把它的空间位置移动一下（不做转动），搬到 B 点去了，那么这个过程就叫作“空间平移”（图 5–5）。

在日常生活与生产中，空间平移对称事例俯拾即是，如推拉窗户、升降电梯、车辆的平直行驶等（图 5–6）。这些比喻只不过为了帮助理解，但需注意：微观世界对称性与日常生活中的事例本质上是不同的，微观对称性遵从微观运动规律，而日常生活和生产中的事例则遵从宏观运动规律。以下几种对称性中所作的类比，与此同。

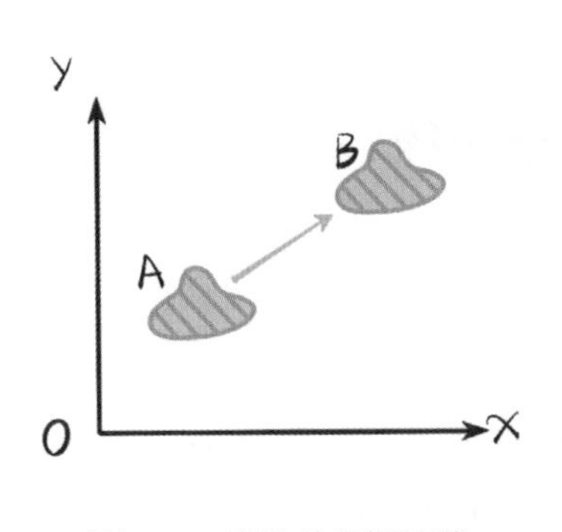

图 5–5 刚体的空间平移

图 5–6 车辆的平直行驶

### （三） 空间转动对称

如形体绕固定轴旋转某一角度后能与原形体重合，那么这一形体就具

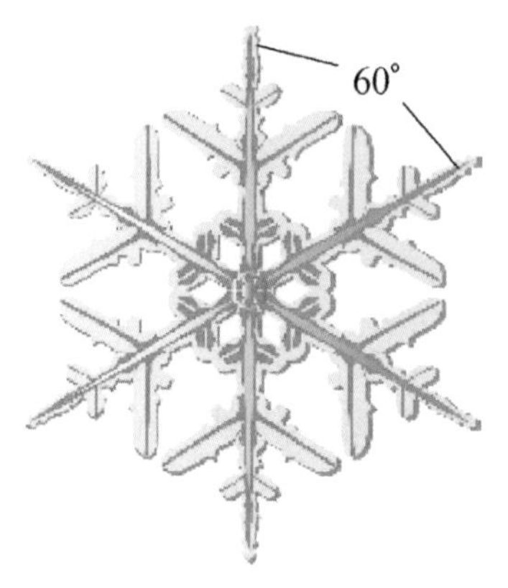

图 5-7　雪花的对称性

图 5-8　地球仪的转动

有空间转动对称性。雪花绕其垂直中心轴转动 60° 后，会与原形体重合（图 5-7）；球体绕直径转任意角度后，会与原球体重合，如地球仪的转动（图 5-8）。它们都具有转动对称的特征。

## 二　分立变换与守恒律

在粒子物理学中，除了能量、动量、角动量、电荷这些经典物理学中人们所熟知的守恒量外，还出现许多新的守恒量，如同位旋、奇异数、粲数、底数、轻子数、重子数、P 宇称等。守恒量可以分为相加性守恒量和相乘性守恒量。从物理学上看，对称性所涉及的变换可以是连续变换，也可以是分立变换。连续变换不变性所决定的守恒量是相加性守恒量，即系统中各部分守恒量的代数和在运动过程中不变。分立变换不变性所决定的守恒量是相乘性守恒量，即系统中各部分该守恒量的乘积在运动过程中不变。

前文所述的时间平移、空间平移和空间转动这三种变换都是可以连续进行的，此外粒子物理学中还存在着几种分立（不连续）变换的对称性，或称反演不变性。粒子物理中有三个基本的分立变换：第一，空间三个坐标轴都反向的空间反射变换，简称 P 变换；第二，时间反演变换，简称 T 变换；第三，粒子和反粒子互换的正、反粒子变换，简称 C 变换。它们也有三种相应的守恒律：

空间反演不变性——P 守恒律

时间反演不变性——T 守恒律

电荷共轭不变性——C 守恒律

## （一）空间反演不变性

空间反演又称为 P 变换，而镜像说的则是镜外空间和镜内空间之间的关系。两种反演形式上虽然不同，但实际上它们之间却存在着十分重要的等价关系。

空间反演对称性将 $x \to -x$、$y \to -y$、$z \to -z$，这一变换称为对原点 $O$ 的空间反演操作（图 5-9 ~ 图 5-10）。在这种操作下，不变的系统具有对 $O$ 点的空间反演对称性。

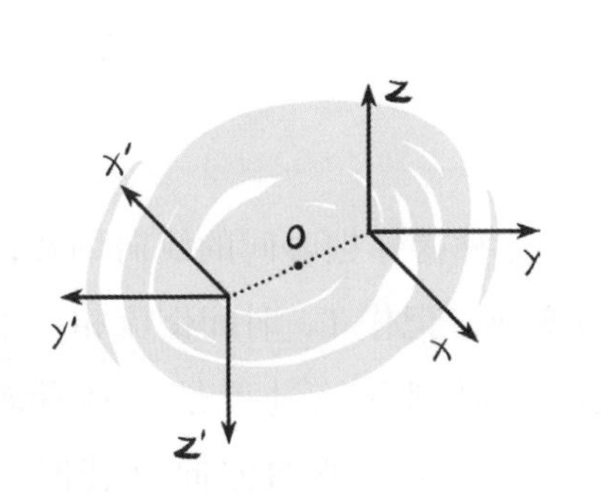


图 5-9　空间反演对称性

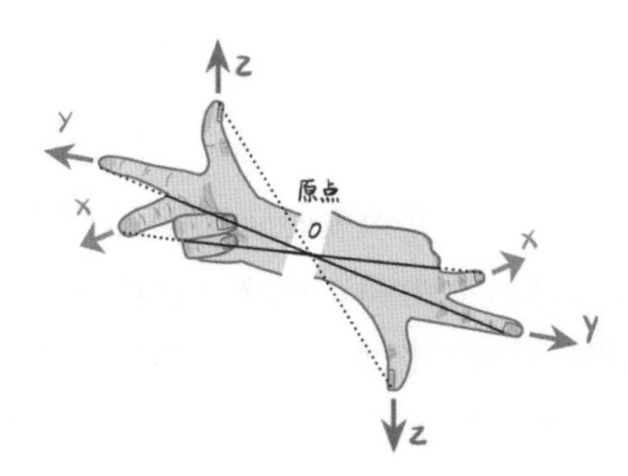


图 5-10　用手演示空间反演

镜像反射对称性（或称为左右对称）指的是空间坐标相对镜面的变换。例如以 $y—z$ 平面为镜面，将 $x \to -x$ 而 $y$、$z$ 不变的操作称为相对于 $y—z$ 平面的镜像反射操作，在这种操作下不变的系统具有镜像反射对称性（图 5-11）。

在日常生活中，镜像对称的例子不胜枚举，水中的倒影、镜中的形象，比比皆是。例如，一张纸上写有数字 9，从镜子里看数字可以发现物与像大小一样、形状一样、位置相反（图 5-12）。

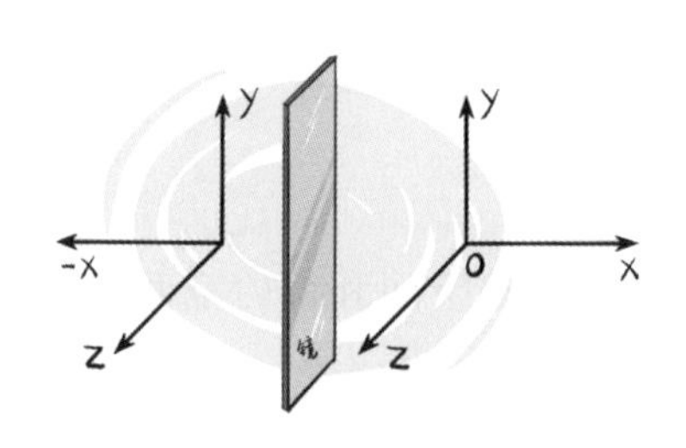

图 5-11　镜像反射对称性

图 5-12　生活中的镜像对称

按照这种空间左右的对称性，微观粒子的运动规律在空间位置上做左右对换时不变，就是所谓空间“宇称”守恒定律。

## （二）时间反演不变性

时间反演是改变时间符号的对称操作，这种操作把时间的流向倒转，即将时间 t 变为 –t 的变换，它是一个离散变换，记作 T。时间倒流相当于用摄像机摄下物理过程，然后倒过来放映，以判断该过程是否具有时间反演不变性。时间反演不变性指体系在时间流逝的方向反转时具有不变性。

### （三） 电荷共轭不变性

电荷共轭，亦称粒子—反粒子变换或 C 变换，是将体系中每个粒子变成其反粒子的变换。电荷共轭首先用于电子和正电子，而后来又推广应用于其他所有粒子。例如，将中微子转换成反中微子，称为电荷共轭变换。电荷共轭不变性是指在一切粒子变为反粒子，而反粒子变为粒子时物理规律不变。现已知只有强相互作用和电磁相互作用电荷共轭不变，如当所有电荷变号时，即带正电的极板变为带负电，同时另一极板也变号，此外电子变为正电子（$e^- \rightarrow e^+$），则粒子运动的轨迹不变（图 5–13）。

作为一个简单的小结，各种对称性、对称性变换和守恒律如表 5–1 所示。

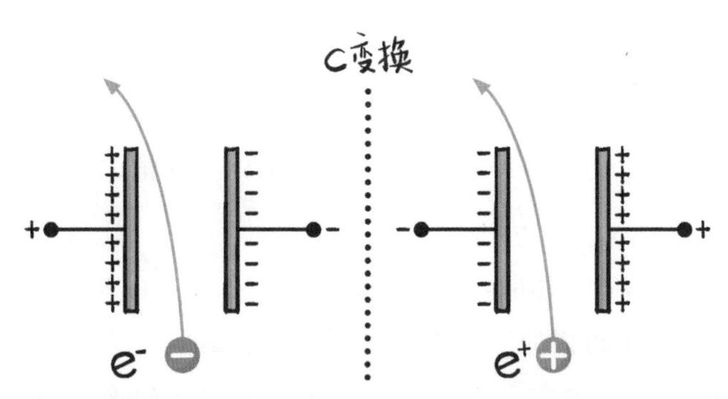


图 5–13　电荷共轭不变性示意图（据陆埮、罗辽复著《从电子到夸克——粒子物理》）

表 5–1　各种对称性、对称性变换和守恒律

| 对称性变换 | 对称性 | 守恒律 |
|---|---|---|
| 时间平移变换 | 时间平移对称性 | 能量守恒 |
| 空间平移变换 | 空间平移对称性 | 动量守恒 |
| 空间旋转变换 | 空间旋转对称性 | 角动量守恒 |
| 空间反演变换 | 左右对称性 P | 宇称守恒 |
| 时间反演变换 | 时间反演对称性 T | |
| 电荷共轭变换 | 电荷共轭不变性 C | 电荷宇称守恒 |

## 三　严格守恒与近似守恒

粒子物理学中，在粒子运动、衰变、转化（包括产生和湮灭）等过程中，系统仍满足动量守恒、角动量守恒、能量守恒和电荷守恒定律。此外，还有一些特殊的守恒定律，如重子数守恒、轻子数守恒、同位旋守恒、奇异数守恒等，以后再讲。下面我们说说什么叫作严格守恒和近似守恒。

在粒子物理领域，守恒定律的成立与否是和相互作用有关的。从这个关系上来考察，又可以把守恒定律分为两类：严格守恒和近似守恒。如果一个守恒定律对各种相互作用都成立，则称为严格守恒律；如果一个守恒定律对某些相互作用成立，但对另一些相互作用则不成立，并且在运动过程中后者影响是次要的，则称为近似守恒定律（或部分守恒定律）。众所周知，由李政道、杨振宁证明的弱作用中宇称不守恒，就是部分守恒的例子。

与守恒定律的分类相应，守恒量也可分为两类：能量、动量、角动量、电荷是有经典对应的相加性严格守恒量；同位旋、奇异数是无经典对应的相加性近似守恒量，P 宇称、C 宇称、CP 宇称是无经典对应的相乘性近似守恒量。

守恒定律对于研究基本粒子的各种运动和转化过程来说，是相当重要的。这是因为根据某种变换下的不变性，建立了系统各种过程服从的守恒定律，由这些定律规定了哪些过程是可以进行的，哪些过程是被禁止的，即得到了相应的选择定则。反过来，由实验观察、归纳出某些选择定则，引出相应的守恒定律，从而找出系统的某种对称性。

例如，由轻子数守恒即可判定哪些反应过程可行，哪些是禁止的。

从粒子反应过程中，人们也总结出了轻子数守恒定律。赋予每个轻子以不同的轻子数，如：对于 $e^-$，$\nu_e$，$L_e=1$，对于 $e^+$，$\bar{\nu}_e$，$L_e=-1$。对于

$\mu^-$，$\nu_\mu$，$L_\mu$=1，对于 $\mu^+$，$\bar{\nu}_\mu$ ，$L_\mu$=–1。对于 $\tau^-$，$\nu_\tau$，$L_\tau$=1，对于 $\tau^+$，$\bar{\nu}_\tau$ ，$L_\tau$=–1。这样，下列各过程都是允许的

$$n \rightarrow p+e^-+\bar{\nu}_e$$

$$\mu^- \rightarrow \nu_\mu+e^-+\bar{\nu}_e$$

而如下过程都是禁止的

$$e^-+p \rightarrow n+\bar{\nu}_e$$

$$p \rightarrow e^++\gamma$$

迄今为止，在任何粒子反应过程中尚未发现重子数和轻子数守恒定律破坏的例子。

## 四 宇称不守恒

下面谈谈由华裔物理学家李政道、杨振宁发现的弱相互作用下宇称不守恒问题。前面第四回中说过，粒子之间存在 4 种相互作用，通过各种相互作用，人们认识到基本粒子之间可以相互转化，且在转化中遵循某些对称性和守恒定律。其中，宇称守恒定律长期以来被认为是物理学的普遍定律，如果不符合这个定律就会遭到否定。但在 1954 ~ 1956 年间，人们碰到了被称为“τ – θ”的疑难。

当时，人们通过对最轻的奇异粒子（K 介子）的衰变过程研究，发现了一个疑难：实验中发现了质量、寿命和电荷都相同的两种粒子，一个叫 θ 介子，另一个叫 τ 介子，这两种粒子的唯一区别在于 θ 介子衰变为两个 π 介子，而 τ 介子衰变为三个 π 介子。分析实验结果可以发现，三个 π 介子的总角动量为零，宇称为负，而两个 π 介子的总角动量如为零，则其宇称只能为正。鉴于质量、寿命和电荷这三项相同，这两种粒子应是同

一种，但从衰变行为来看，如果宇称应守恒，则 θ 和 τ 不可能是同一种粒子。

1956 年，李政道和杨振宁对“τ－θ”的疑难进行了仔细研究，他们指出，这一疑难的关键在于人们认为微观粒子在运动过程中宇称必须守恒。强相互作用和电磁相互作用的过程中，宇称守恒是经过检验的，但在弱相互作用的过程中，宇称并没有得到决定性的检验，没有根据说它一定守恒。如果在弱相互作用过程中宇称可以不守恒，那么“τ－θ”疑难将迎刃而解。

李政道和杨振宁在他们的论文中还提出，可以通过 β 衰变等实验来检验宇称是否守恒，并设计了检验宇称是否守恒的实验（图 5-14）。

美籍华裔物理学家吴健雄进行了极化钴 60 原子核 β 衰变实验，检验宇称是否守恒，她将钴 60 置于 0.01 K 低温下的磁场中，结果说明 β 衰变规律宇称不守恒，使杨、李的观点得到了验证，打破了人们的传统观念。

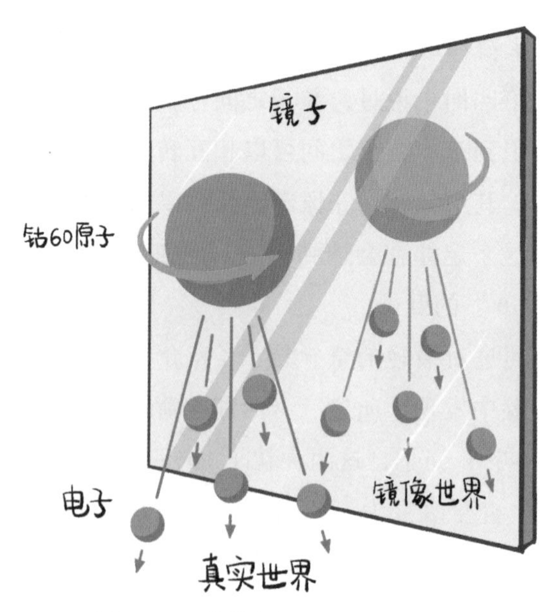


图 5-14　检验宇称是否守恒的设想

这些实验的原理是，设置两组含弱相互作用而互为镜像的实验装置，考察这两组装置是否得出相同的结果，如果结果不一样，就可以肯定宇称不守恒（图 5–15）。其中，β 衰变选钴 -60（$^{60}$Co），测量极化的 $^{60}$Co 原子核所放射的 β 粒子（电子）的角分布，从而检验左右是否对称。李政道和杨振宁因发现弱相互作用下宇称不守恒而获得 1957 年诺贝尔物理学奖。

弱相互作用下宇称不守恒的发现是 20 世纪 50 年代粒子物理学中最重要的发现之一，三位华裔物理学家做出了杰出的贡献，其意义是重大的。这不仅解决了“τ－θ”的疑难，而且开辟了弱作用研究的新领域。三位美籍华裔物理学家潜心钻研，献身高能物理，获得卓越成就（图 5–16 ~ 图 5–18）。

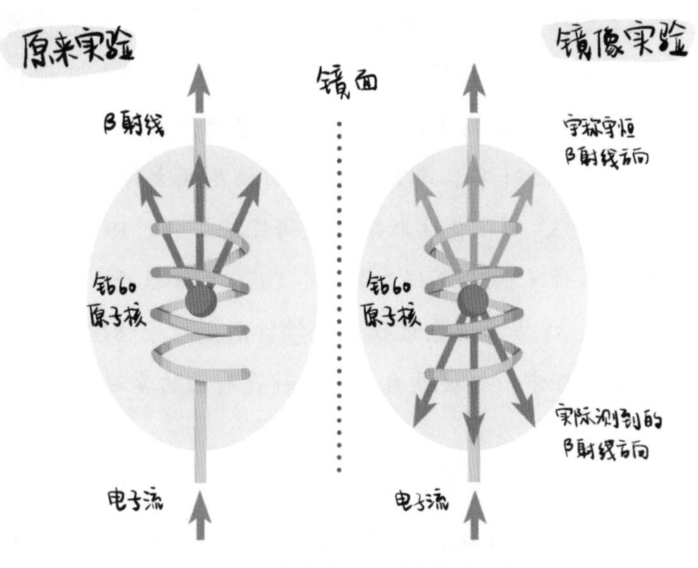


图 5–15 检验宇称是否守恒的实验

图 5-16　李政道

图 5-17　杨振宁

图 5-18　吴健雄

李政道，美籍华裔物理学家（图 5-16）。1926 年 11 月 25 日生于上海，抗战时期在国立浙江大学（当时在贵州省）和西南联合大学读书。1946 年获得国家奖学金，经他的老师吴大猷推荐前往美国深造，入芝加哥大学研究院。1948 年春天，李政道通过了研究生资格考试，开始在恩利克·费米的指导下作博士论文研究，3 年后便以“有特殊见解和成就”通过了博士论文答辩，被誉为“神童博士”，当时他才 23 岁。1950 ~ 1951 年，李政道在加利福尼亚大学（伯克利分校）任教，1951 ~ 1953 年在普林斯顿高级研究院工作，1953 ~ 1960 年在哥伦比亚大学工作（1955 年任副教授、1956 年任教授）。李政道获诺贝尔奖时，年仅 31 岁，他在近代物理学特别是粒子物理学方面做出了杰出贡献，和杨振宁一起被誉为“走在时代前面的卓越物理学家”。

杨振宁，美籍华裔物理学家（图 5-17）。1922 年 10 月 1 日生于安徽合肥（后来他的出生日期在 1945 年的出国护照上误写成了 1922 年 9 月 22 日）。他出生不满周岁，父亲杨武之考取公费留美生出国了。4 岁时，母亲开始教他认方块字，1 年多的时间教了他 3 千个字。杨振宁读小学时，数学和语文成绩都很好，中学还没有毕业，就考入了西南联大，那时他才16岁。1942年，20岁的杨振宁大学毕业，进入西南联大的研究院，两年后，他以优异成绩获得了硕士学位，并考上了公费留美生，于1945年赴美入芝加哥大学，1948年获博士学位并留校担任物理讲师。1949～1955年，应聘普林斯顿高等研究院任研究员，从事高能物理研究。杨振宁在统计物理、凝聚态物理、量子场论、数学物理等领域做出多项卓越的贡献。

吴健雄，1912年5月31日出生在江南水乡——太仓县浏河，父亲吴仲裔是浏河乡女子初小的创办人和校长，吴健雄在这所学校读完初小（图5-18）。1923年，吴健雄只身来到苏州，考入苏州第二女子师范学校。1930年，吴健雄被保送到南京中央大学数学系，一年后，出于对物理的爱好转入物理系。吴健雄秉性喜静，爱好读书，兴趣广泛，写得一手刚健秀丽的书法。在大学里她刻苦勤奋，废寝忘食地学习，特别喜爱做实验，这奠定了她一生事业的基础。1936年，胸怀大志的吴健雄漂洋过海，自费赴美留学，考入加利福尼亚大学伯克利分校攻读研究生。在这里她得到名师指点，诺贝尔奖获得者塞格雷、J.R.奥本海默都教过她的课。塞格雷对吴健雄称赞备至："她的毅力和对工作的献身精神，使人想起玛丽·居里。但她更为实际、更优雅、更机智。"1940年，她获得了物理学博士学位。吴健雄起初任职普林斯顿大学，1944年又到哥伦比亚大学任职，1958年升任教授，1972年被任命为普平讲座教授，此为哥伦比亚大学的最高荣誉。吴健雄于1997年2月16日在纽约病逝，终年85岁。吴健雄是世界最杰出的女性实验物理学家，有"核物理女皇""中国居里夫人"和"物理科学的第一夫人"之称，她在物理学方面最重大的成就是其在1956年，用实验成功地证明了李政道、杨振宁提出的在弱相互作用中宇称不守恒的论点。

最后，奉上一首小诗《科苑女杰吴健雄》：

粒子物理攀高峰，
壮志征程建伟功，
巾帼楷模应是谁，
科苑女杰吴健雄。

关于对称性与守恒律如何在粒子物理中发挥作用，且听后几回分解。

# 第六回

# 理论家预言中微子 历经廿年寻找成功

话说粒子世界，五花八门，电子、光子、质子、中子这些常见粒子大家比较熟悉，本章和下一章我们介绍一些其他粒子：中微子、奇异粒子和共振子，以便对所谓的“粒子动物园”有概括性了解。

寻找中微子的工作进行了 25 年，中微子首先在理论上被预言，而后实验上得到证实，是粒子物理探索的典范。

大家知道，β 射线是在铀或镭自动衰变过程中产生的，这种过程称为 β 衰变。20 世纪 20 年代，研究原子核放射现象的物理学家发现，在 β 衰变（例如，中子变成质子和电子，如图 6–1 所示）过程中，衰变后粒子能量的总和小于衰变前的总能量，即出现能量不守恒的现象，说明有一部分能量丢失了，这就是所谓的 β 衰变中的能量“失窃案”。

在人们对 β 衰变过程中的能量不守恒现象表示困惑的时候，被人们誉为“思想巨人”的物理学家泡利于 1931 年提出了中微子假说，他认为，在 β 衰变过程中，原子核不止发射一个电子，可能还发射一种新的、我们暂时尚不知道的粒子（图 6–2）。他推测这种粒子本身不带电，中性，自旋为 1/2，质量微小，穿透力强。起先泡利把它称作“中子”，后来因为查德威克 1932 年发现的粒子叫作中子，意大利物理学家费米建议：“还是把泡

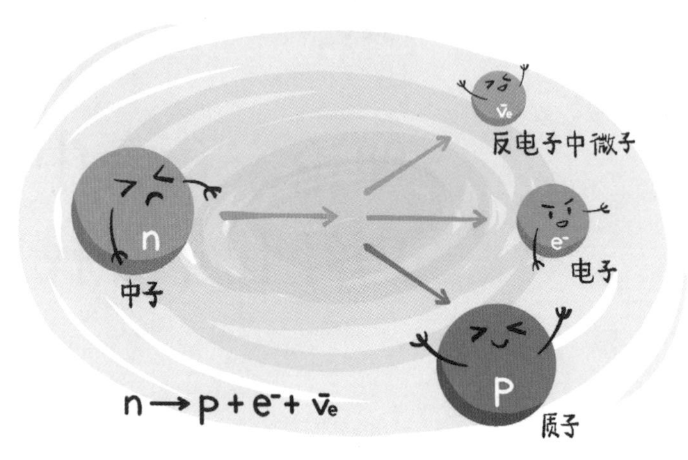


图 6–1　β 衰变（中子变成质子和电子）

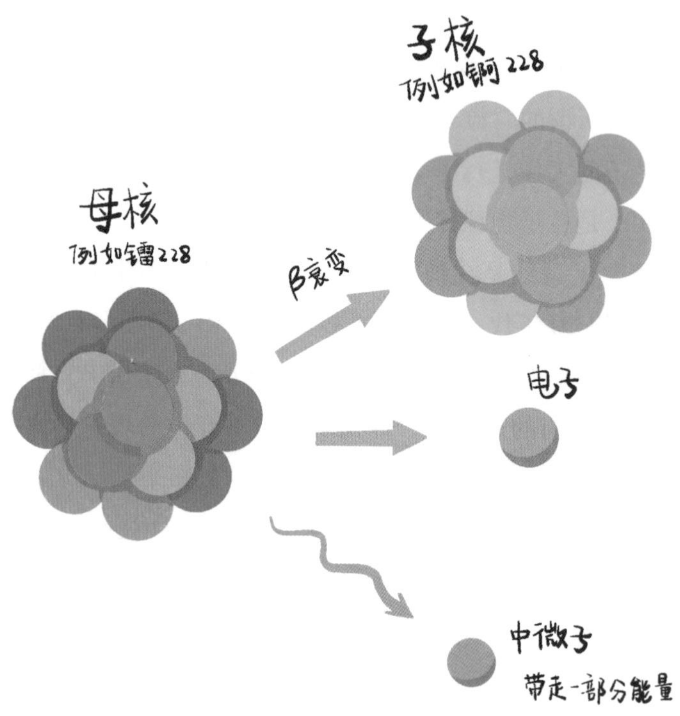


图 6–2　泡利提出“中微子带走一部分能量”的假说

利的中子叫‘中微子’吧！”于是中微子的名称从此沿用了下来，并且用希腊字母“ν”表示。

稍作停留，我们对泡利作简要介绍。

沃尔夫冈·泡利（Wolfgang E. Pauli，1900 ~ 1958年），美籍奥地利科学家、物理学家。1900年4月25日生于奥地利的维也纳，父亲是一位医学博士兼物理学家，泡利从童年时代就受到科学的熏陶，在中学时就自修物理学。1918年中学毕业后，泡利带着父亲的介绍信，到慕尼黑大学访问著名物理学家索末菲（A. Sommerfeld），要求不上大学而直接做索末菲的研究生，索末菲当时没有拒绝。同年泡利发表第一篇关于引力场中能量分量的论文，索末菲发现了泡利的才华，于是泡利就成为慕尼黑大学最年轻的研究生。

1921年，泡利发表了一篇氢分子模型的论文并获得博士学位。同年，他为德国的《数学科学百科全书》写了一篇长达237页的关于狭义和广义相对论的词条，该文到今天仍然是该领域的经典文献之一；1922年，泡利到哥廷根大学任马克斯·玻恩的助教，期间发表多篇论文。1923 ~ 1928年，泡利成为汉堡大学的讲师，在此期间泡利提出了他发现的最重要的原理——泡利不相容原理，为原子物理之后的发展奠定了基础；1928年，泡利在瑞士的苏黎世联邦理工学院任理论物理学教授。

第二次世界大战爆发后，泡利为了躲避法西斯，于1935年全家移居美国；1940年，受聘成为普林斯顿高级研究所理论物理学访问教授；1945年，他因之前发现的不相容原理获诺贝尔物理学奖；1946年，泡利重返苏黎世联邦理工学院。

泡利的成就主要是在量子力学、场论和基本粒子理论方面，特别是泡利不相容原理的建立和β衰变中的中微子假说等，这都为理论物理学以后的发展打下了重要的基础。泡利在学术上始终追求严谨，生活上为人刻薄，语言犀利，批评起人来不留情面，因此，埃伦费斯特把泡利称作“上帝的鞭子”。

下面书归正传。

当时，泡利提出“中微子”这个大胆的假说，心里也没有把握，甚至有些犹豫。泡利觉得，这个新粒子也许永远不会被观察到，也有人不相信中微子真会存在。正当泡利的假说陷入危机时，费米于1933年提出“β 衰变理论”，认为 β 衰变是核里的中子在某种条件下转变为一个质子，在转变过程中放射出一个电子和一个中微子。

考虑到中微子这个新粒子以后，费米算出的 β 衰变能谱与实验十分吻合。根据计算结果，费米认为中微子的质量应该为零，或者比电子的质量还要小得多。大家知道，电子的质量本来就很小，大约是质子的两千分之一，可见中微子即使有质量，也微乎其微。

现在剩下的问题就是寻找中微子了。如何实验验证中微子这个莫名其妙的粒子的存在？在当时，这个任务还真不容易。因为中微子是一种穿透能力极强的不带电的粒子，它们不像电子和光子那样与电磁力有关，不易直接用探测器发现，要想在实验上探测到中微子的确很难。然而，大无畏的物理学家们“明知山有虎，偏向虎山行”，他们知难而上，很多人都在寻找中微子。寻找中微子的第一个成功实验是我国物理学家王淦昌于1942年设计并建议的，但直接探测中微子的实验直到1956年才完成，直到此时才把泡利的假说变为现实。

暂停一下，让我们简要介绍中国著名物理学家、“两弹一星”元勋王淦昌。

王淦昌（1907 ~ 1998年），出生于江苏常熟市枫塘湾，核物理学家，中国核科学的奠基人和开拓者之一，中国科学院院士，“两弹一星功勋奖章”获得者。王淦昌参与了中国原子弹、氢弹原理突破及核武器研制的试验研究和组织领导，是中国核武器研制的主要奠基人之一。

王淦昌1929年毕业于清华大学物理系；1931年，王淦昌在德国就读研究生期间，提出可能发现中子的试验设想，1932年英国科学家查德威克按此思路进行试验发现了中子并获得诺贝尔奖。1932年，王淦昌在迈特纳指导下，发表了《关于RaE连续β射线谱的上限》的论文；同年12月完成了关于内转换电子研究的博士论文，1933年获得柏林大学博士学位。1934年4月，王淦昌回国。先后在山东大学、浙江大学物理系任教授。在这一时期，王淦昌培养出一批优秀的青年物理学家，其中包括诺贝尔物理学奖获得者李政道。

王淦昌在粒子物理学方面造诣很深，早年提出了用云室来研究高能射线性能的新方法；40年代初，提出寻找中微子的创造性实验方法，即通过轻原子核俘获K壳层电子，从而释放中微子并对它进行测量；在十一国联合原子核研究所工作期间，他带领团队首次发现了反西格马负超子；1965年，他作为中国代表到苏联杜布纳联合原子核研究所任研究员，首次观察到在基本粒子相互作用中产生的带奇异夸克的反粒子；1964年，他独立提出用激光打靶实现核聚变的设想，是世界激光惯性约束核聚变理论的创始人之一。

此外，王淦昌非常关心中国科学技术，特别是高科技事业的发展。1986年3月，王淦昌等人提出《关于跟踪研究外国战略性高技术发展的建议》，由此催生了举世瞩目的战略性高科技发展计划——“863计划”，为中国高科技发展开创了新局面。

下面继续讲寻找中微子的故事。

王淦昌设计出的实验方案，是用“K电子俘获”的方法来寻找中微子，他相信这个方案一定可以最终找到中微子，那么什么是K电子俘获呢？学过原子物理的都知道，绕原子核旋转的电子有许多层，最靠近核的那一层被称为K层，如果原子核俘获其K层的电子，这就是K电子俘获。在这一过程中，原子核不发射电子，而是从最靠近核的K层轨道上俘获一个电子，其反应式为：

$$A+e^- \rightarrow B+\nu$$

式中，$e^-$为电子。在这种反应过程后，只有两个粒子（反冲核B和中微子$\nu$），所以B的能量是单值的，只要测出B的能量，就可以确定中微子的质量和能量了。王淦昌还提出，如果选用比较轻元素的原子核，反冲动量比较大，更容易测量，所以建议用铍（$^7Be$）的K电子俘获过程来检验中微子的存在，即

$$^7Be+e^- \rightarrow {}^7Li+\nu$$

式中，Be和Li分别是元素铍和锂。

经过一年多艰苦的探索，王淦昌设计出这套方案后回国，当时正是抗日战争最艰难的岁月，在中国没有条件去购买精密仪器来做实验。王淦昌只好把他的设计方案写成文章，先是寄给《中国物理学报》，但没有被采用；1941年10月，王淦昌又把文章寄给美国的《物理评论》，文章于1942年初刊登出来。仅仅两个月的时间，就有一位美国物理学家阿伦（J. S. Allen）按照王淦昌的方案，做了$^7Be$的K电子俘获实验。那时由于实验条件不太好，阿伦没能测出$^7Li$的单能量反冲核，只是证明有中微子存在。直到1952年，罗德拜克（G. W. Rodeback）和阿伦首次准确地测出中微子的能量和质量，给出了中微子存在的实验证据。一个月后，雷蒙德·戴维斯（R. Davis，2002年诺贝尔物理学奖获得者）用$^7Be$的K电子俘获做实验，又测量到单能量的反冲核$^7Li$，由此算出的中微子质量确实很小，接近于零（图6-4）。以上这

图6-4　美国科学家雷蒙德·戴维斯

些是表明中微子存在的第一批实验，这样，确定中微子存在的间接检验得到了实验上的支持。

中微子既小又不带电，静止质量等于零或与零相差无几，运动起来跟光速一样快，在通过物质时不会同任何粒子发生电磁相互作用。它的性格特别"孤僻"，跟谁也不爱打交道，就像一个虚无缥缈的"幽灵"，所以直接观测中微子的实验是很难做的。

幸亏，20 世纪 50 年代有了原子核反应堆，在核反应中，中微子的发射数量极大，它们是在核裂变中子产物的 β 衰变中产生出来的。通过对核裂变产物的探测，就有可能直接观测中微子的存在。1956 年，这个中微子终于被洛斯阿拉莫斯实验室的美国物理学家科温与莱因斯首先在核反应堆中检测到，他们完成了直接观测中微子的实验（图 6–5）。最后的实验是 1959 年在美国原子能委员会所属的赛凡纳河工厂完成的，这个实验确实巧妙地证实了中微子的存在，实验结果很快被粒子物理学界承认。他们的实验被认为是 20 世纪物理学的重要实验之一，莱因斯也因为发现中微子与发现 τ 子的佩尔分享了 1995 年的诺贝尔物理学奖，可惜科温因为早已去世，未获奖。

图 6–5　费雷德里克 · 莱茵斯

科温与莱因斯的实验是怎么做的呢？原来，他们用 200 升水和 370 加仑液体闪烁体（氯化镉）做成探测器，埋在美国一个核反应堆附近的地下，以探测核反应堆放射出的中微子束（实际上是反中微子束）。在他们的实验中，核反应堆向由水和氯化镉配成的溶液中发射中微子，当中微子与一个氢核相撞时，二者即相互作用产生一个正电子和中子，正电子与电子湮灭而产生光子，光子即被闪烁探测器记录下来，同时，中子也被慢化并被一个镉核所破坏而产生光子，这批光子也被记录下来，在光电倍增管内转换成电信号（图 6–6）。

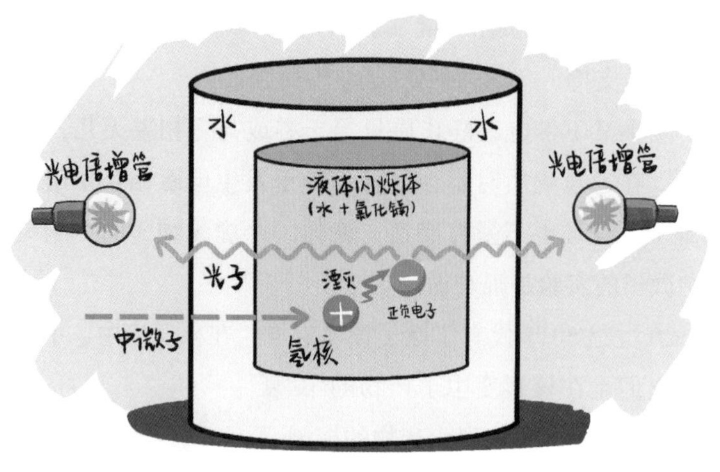


图 6–6　科温与莱因斯实验示意图

科温与莱因斯经过相当长的时间才探测到为数不多的中微子（实为反中微子），他们探测到了原子反应堆上的质子因吸收反中微子而蜕变为中子和正电子的现象，$\bar{\nu}_e + p \rightarrow n + e^+$ 用这个方法确认了反中微子的存在。这正是：

看似寻常最奇崛，成如容易却艰辛。

1962 年，美国科学家莱德曼（L. Lederman）、斯坦伯格（J. Steinberger）和施瓦茨（M. Schwartz）在布鲁克海文国家实验室里，第一次用人工方法获得了中微子，发现不同类型的中微子——μ 子中微子。这一发现，使得莱德曼 3 人获得了 1988 年诺贝尔物理学奖（图 6–7）。

1977 年，在欧洲和美国的物理学家通过粒子加速器做了种种探测后，认为中微子有 3 种，即电子中微子、μ 子中微子和 τ 子中微子，它们分别与电子、μ 子、τ 子一起产生，另外，中微子也有自己的反粒子——反中微子。这样一来，中微子就至少有 6 种。在轻子家族里，中微子作为中性粒子与其相伴的荷电轻子形成一代，三代轻子可以写成如下三个双重态：

$$\begin{pmatrix} \nu_e \\ e^- \end{pmatrix}, \begin{pmatrix} \nu_\mu \\ \mu^- \end{pmatrix}, \begin{pmatrix} \nu_\tau \\ \tau^- \end{pmatrix}$$

图 6-7　1988 年诺贝尔物理学奖获得者（从左至右：莱德曼、施瓦茨、斯坦伯格）

表 6-1 给出了六种味的轻子的电荷与质量。

表 6-1　三代轻子

| 代 | 名称 | 符号 | 电荷 | 质量 |
| --- | --- | --- | --- | --- |
| 1 | 电子 | e | −1 | 0.51 MeV |
|  | 电子中微子 | $\nu_e$ | 0 | <460 eV |
| 2 | $\mu$ 子 | $\mu$ | −1 | 106 MeV |
|  | $\mu$ 子中微子 | $\nu_\mu$ | 0 | <0.19 MeV |
| 3 | $\tau$ 子 | $\tau$ | −1 | 1777 MeV |
|  | $\tau$ 子中微子 | $\nu_\tau$ | 0 | <18.2 MeV |

只有处于同代的轻子之间才能发生相互作用。与三代轻子对应的还有三代反轻子，它们也可以写成三个双重态：

$$\begin{pmatrix} e^+ \\ \bar{\nu}_e \end{pmatrix},\begin{pmatrix} \mu^+ \\ \bar{\nu}_\mu \end{pmatrix},\begin{pmatrix} \tau^+ \\ \bar{\nu}_\tau \end{pmatrix}$$

中微子这种来无踪去无影、神秘莫测的粒子，有人称之为宇宙“隐身人”。1968 年，物理学家戴维斯在探测中微子的时候，发现太阳发射的中微子比标准太阳模型的计算值少许多，这就是直到今天还没有解开的“太阳中微子失踪之谜”，这个谜题涉及宇宙的起源和本性，因此引起了物理学家们的广泛关注。

最近的研究表明，随着大气中微子、加速器中微子、反应堆中微子和太阳中微子振荡的相继发现，中微子有质量是目前唯一在实验室得到广泛验证的新物理证据。它表明了目前的粒子物理标准模型并不完整，需要更进一步的实验来指明模型拓展所需要的新物理方向。

关于中微子的探究历史，贯穿着整个近代科学的发展，而科学家坚信，对于中微子的研究将会让我们更加了解宇宙的过去和未来。寻找中微子的工作仍将继续，最近又有人提出可能存在第四种类型的中微子，即所谓的“惰性中微子”。世界上许多实验都试图寻找惰性中微子的踪迹，寻找中微子的最新进展开启了物理学的新篇章。

在我国南方，大亚湾核反应堆中微子实验是一个建于中国的研究中微子的多国粒子物理项目，项目在地下数百米处有八个探测器对反应堆中微子进行相对测量，圆形中微子探测器安装在巨型水池内（图 6–8）。大亚

图 6–8　圆形中微子探测器安装在巨型水池内

湾核反应堆中微子实验取得了发现一种新的中微子振荡、精确测量反应堆中微子能谱等重要科学成果。

因为中微子有种神出鬼没、来无影去无踪的神秘感，所以也引起文学家的兴趣。一位叫厄普代克（J. Updike）的作家在得知中微子的行为后，写了一首《宇宙的烦恼》，诗中描述了中微子的神奇特性，现据杨建邺、李继宏所著《走向微观世界》一书，将该诗援引如下：

中微子，多渺小，
没有质量不足道。
不带电荷呈中性，
对人礼貌不干扰。
地球是个傻大个，
驰骋穿过自逍遥。
进退伸缩真自如，
穿过地球轻声笑。
深夜床下穿人体，
人在梦中不知晓。
啊呀，我说：
宇宙真是令人恼；
哈哈，你说：
世事真乃太奇妙！

关于中微子就谈到这里，粒子动物园里还有些奇怪角色，且听下文分解。

# 第七回

## 共振粒子转瞬即逝
## 奇异粒子有奇异性

有一首科学打油诗，诗曰：

在遥远的苍茫太空，
有些奇妙的小精灵。
似天马行空，
独来独行。
他们驾着宇宙线，
闯进地球大气层。
科学家用核乳胶，
记录他们的行踪。
探秘这些不速之客，
发现他们与众不同。
他们产生快而寿命长，
他们独立衰变协同产生。
因为具有一些奇特性质，
他们获得奇异粒子的名。

大千世界无奇不有，粒子世界也是千奇百怪，下面就介绍两大类不寻常的粒子。

## 一 奇异粒子

1947 年，罗切斯特和巴特勒在宇宙线实验中发现一批新粒子，这些粒子在云室照片上和核乳胶片上以全新的图样呈现在人们的眼前（图 7–1）。

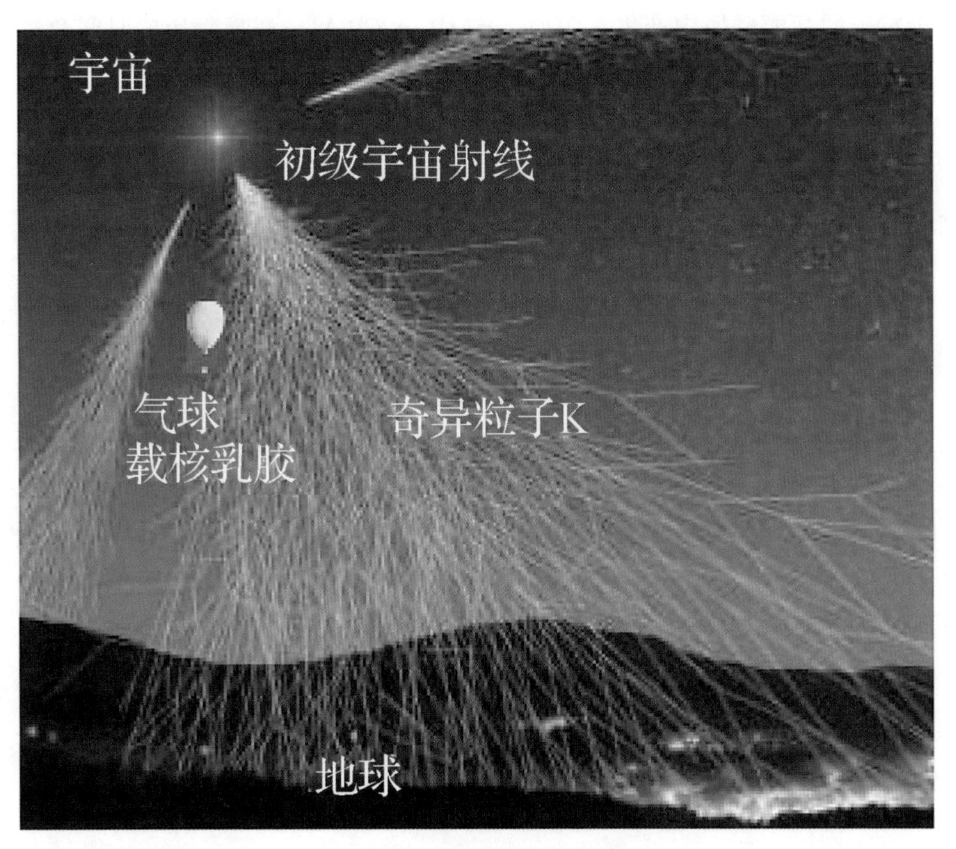


图 7–1 宇宙线探测实验示意图

## （一） 奇异粒子特性

它们的某些性质在当时无法解释。这批粒子包括两大类，一类是比 π 介子更重的介子，称作重介子，如 $K^+$、$K^0$、$K^-$；另一类是比核子更重的重子（称为超子），如 Λ、$\Sigma^+$、$\Sigma^0$、$\Sigma^-$、$\Xi^0$、$\Xi^-$。这些新粒子有一些已发现的强子没有的奇异特性，所以被统称为“奇异粒子”，在这以前已经发现的核子和 π 介子等强子则统称为普通强子，普通强子和光子、电子、正电子、μ 子、中微子、反中微子等统称为普通粒子。奇异粒子之所以“奇异”，就在于有以下两个明显的特性：

第一，它们通过强作用产生，通过弱作用衰变，也就是说，奇异粒子于粒子的高能碰撞中产生。例如，$\pi^-+P \rightarrow K^0+\Lambda^0$，碰撞经历的时间数量级为 $10^{-24}$ 秒，而它们衰变的平均寿命则长得多，时间数量级为 $10^{-10}$ 秒甚至更长，两个时间数量级的差别约为 $10^{14}$ 倍，所以说它们是“快产生，慢衰变”。

第二，它们是协同产生、独立衰变，也就是说，在普通粒子的碰撞过程中总是两个或两个以上奇异粒子一起产生，就像“孪生子”，然后每个奇异粒子再分别独立地衰变掉，最终衰变成的粒子都是过去已知的粒子，即普通粒子，而不再有奇异粒子了。

这些已完全被实验所证实。

表 7–1　奇异粒子特性表

| | | 电荷（e） | 质量（兆电子伏） | 平均寿命（秒） |
|---|---|---|---|---|
| K 介子 | $K^+$ | + | 439.8 | $1.24 \times 10^{-8}$ |
| | $K^0$ | 0 | 497.8 | 较复杂 |
| | $K^-$ | – | 439.8 | $1.24 \times 10^{-8}$ |
| Λ 超子 | $\Lambda^0$ | 0 | 1115.6 | $2.5 \times 10^{-10}$ |
| Σ超子 | $\Sigma^+$ | + | 1189.4 | $0.8 \times 10^{-10}$ |
| | $\Sigma^0$ | 0 | 1192.5 | $5.8 \times 10^{-20}$ |
| | $\Sigma^-$ | – | 1197.3 | $1.5 \times 10^{-10}$ |
| Ξ 超子 | $\Xi^0$ | 0 | 1314.7 | $3.0 \times 10^{-10}$ |
| | $\Xi^-$ | – | 1321.2 | $1.7 \times 10^{-10}$ |

## （二）奇异粒子的标记——奇异数

1953 年美国物理学家盖尔曼和日本物理学家中野董夫、西岛和彦彼此独立地提出：奇异粒子的这些特性可以用一种新的守恒量子数来标记，这种新守恒量子数称为奇异数，记为 $S$。奇异数有几个特点：一是只能取整数值；二是过去熟知的普通粒子的奇异数都定为零，奇异粒子的奇异数不为零；三是粒子与反粒子的奇异数相反；四是同一电荷多重态的成员奇异数是相同的，例如 $\Sigma^{\pm}$、$\Sigma^{0}$ 的奇异数都是 –1，$\pi^{\pm}$、$\pi^{0}$ 的奇异数都是 0；五是奇异数为 0 的粒子叫作非奇异粒子，例如轻子族和光子族的成员都是非奇异粒子。盖尔曼等人引入奇异数 $S$，成功地解释这些粒子的奇特性质（表 7–2）。

表 7–2　粒子奇异数

| 粒　子 | 符　号 | 奇异数 $S$ |
|---|---|---|
| 光　子 | $\gamma$ | 0 |
| 介　子 | $\pi^{+}$、$\pi^{0}$、$\pi^{-}$ | 0 |
| | $K^{+}$、$K^{0}$ | 1 |
| 核　子 | p、n | 0 |
| 超　子 | $\Lambda^{0}$ | –1 |
| | $\Sigma^{+}$、$\Sigma^{0}$、$\Sigma^{-}$ | –1 |
| | $\Xi^{-}$、$\Xi^{0}$ | –2 |

在强相互作用和电磁相互作用过程中，奇异数守恒；在弱相互作用过程中，奇异数可以不守恒。奇异粒子“奇异”性质的来源，就在于奇异数 $S$ 的近似守恒性质。

盖尔曼和西岛和彦提出：强子的电荷 $Q$、同位旋的第三分量 $I_3$、重子数 $B$ 和奇异数 $S$ 有以下关系：

$$Q=I_3+1/2\,(B+S)$$

上式称为盖尔曼－西岛关系式，以后的实验充分证明这个关系的普遍性，在20世纪60年代，这个关系在强子对称性及强子分类研究中是一个重要的关系式。有时人们也常用超荷 $Y=B+S$ 来代替奇异数 $S$。

## 二　共振子

共振子是指寿命特别短而质量大的“基本”粒子，即所谓“短命粒子”，其中有介子也有重子。到目前为止，已发现的共振子已达300多种，其中属介子族的有100多种，属重子族的有200多种。共振粒子是强子中最多的粒子。

第一个共振子是这样发现的：早在20世纪50年代初期，有人曾多次用人工产生的π介子作“炮弹”去轰击质子，即研究π介子与核子碰撞形成的散射现象，反应式为

图7–2　恩利克·费米

$$\pi^{+}+p \rightarrow \pi^{+}+p$$

费米等人观测到，在π介子能量较低时，它们发生碰撞（散射）的概率随入射π介子的能量的提高而增大（图7–2）。

20世纪50年代，美籍华裔高能理学家袁家骝在布鲁克海文国家实验室参与建造世界上第一台高能质子加速器，随后袁家骝和林登鲍姆（S. J. Lindenbaum）利用这台加速器加速出来的高能质子束，轰击靶子产生的π介子束，以研究π与核子的散射（图7–3）。后来，袁家骝和林登鲍姆进一步提高π介子能量，发现碰撞截面上升到一个峰值后又开始下降。

图 7–3　袁家骝

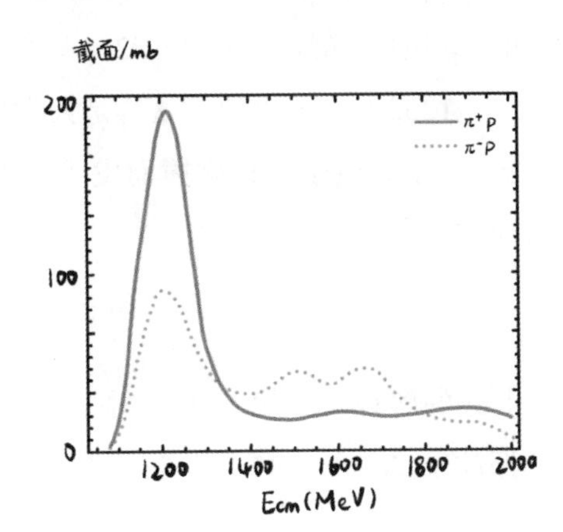

图 7–4　π–P 散射截面与质心系总能量的关系

如上图 7–4 中，实线表示 $\pi^+$ 介子和质子 p 相碰撞时碰撞截面 σ 和入射能量 $E$ 的关系。纵轴表示碰撞截面的大小，碰撞截面的单位是毫巴恩 mb（巴恩即 barn，1 巴恩 =$10^{-28}$ $m^2$）。横轴表示 π 介子和质子这个系统的总能量，用兆电子伏 MeV 作单位。显然，在能量 $E$= 1232 MeV 时，散射截面比较大，像耸立的山峰一样，这座峰就称为“共振峰”或“共振态”。为什么叫共振态呢？因为截面随能量的变化曲线和力学、电学中的共振曲线类似，例如，RLC 串联电路就有如图 7–5 所示的共振（又称谐振）曲线，收音机中的“调谐”即利用这种效应。

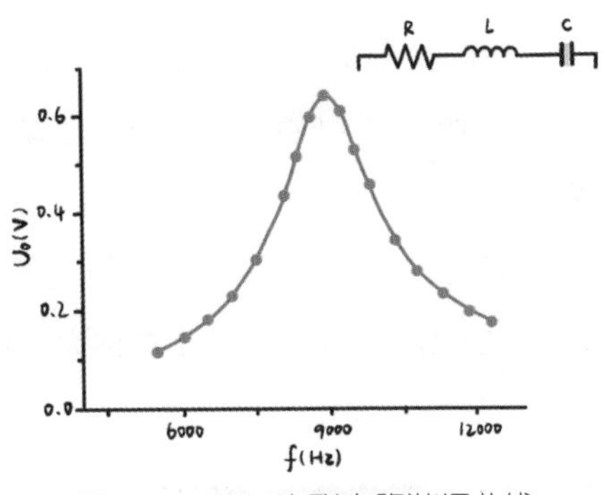

图 7–5　RLC 串联电路谐振曲线

其实，共振态也可以认为就是一种粒子，共振态和稳定强子一样具有类似的量子数，诸如自旋、宇称、同位旋、奇异数和粲数等，只是它的寿命一般短到 $10^{-20}$s ~ $10^{-24}$s，所以又把这类共振态称为共振粒子。例如，图

7-5 中实线在总能量为 1232 MeV 处呈现的那个最高的"共振峰"，就对应着带有两个单位正电荷、静止质量为 1232 MeV 的一种新粒子。这种粒子称作 Δ 粒子，记为 $\Delta^{++}$（1232）。可以说，$\Delta^{++}$ 是人类发现的第一个共振粒子。

$\pi^{+}$ 介子和质子 p 相碰撞而发生散射的过程是分两步完成的，整个过程的反应式为

$$\pi^{+}+p \rightarrow \Delta^{++} \rightarrow \pi^{+}+p$$

上式的解释是：第一步入射 $\pi^{+}$ 介子和质子 p 碰撞，$\pi^{+}$ 被 p 吸收而形成共振粒子 $\Delta^{++}$（1232），第二步这个共振粒子 $\Delta^{++}$（1232）再衰变为 $\pi^{+}$ 介子与质子 p。

不仅 $\pi^{+}$ 介子和质子相碰能够形成共振粒子，$\pi^{-}$ 介子和质子相碰也能够形成共振粒子，记为 $\Delta^{0}$，其他粒子相碰也可以形成共振粒子，例如有些中性介子可以在正负电子对撞中产生。

共振子的研究在粒子物理的发展中起到了十分重要的作用，袁家骝和他的合作者正是首次从实验上观察到了共振子，揭开了共振子物理的序幕，对共振子物理的发展做出了重要贡献。继发现共振粒子 $\Delta^{++}$ 之后，物理学家用与发现第一个共振子类似的方法（即共振散射），又发现了 $\Delta^{+}$、$\Delta^{0}$、$\Delta^{-}$ 等共振子，使这个被称为"基本粒子第三代"的共振子家族兴旺起来。

上述共振散射方法虽发现了一些共振粒子，并从初态粒子能量获取共振信息进行了证实，然而，这种方法还是有局限性，它只适用于两体共振，而且两体之一必须是像 p、n 一类的稳定粒子。于是在 20 世纪 50 年代末，美国物理学家路易斯·阿尔瓦雷斯（L. W. Alvarez）异军突起，独辟蹊径，发明了一种从粒子强作用过程的终态中寻找共振子的方法，发现了许多共振子，例如 ω、Λ、Ξ 粒子等（图 7-6）。阿尔瓦雷斯因基本粒子

图 7-6　路易斯·阿尔瓦雷斯

物理学的决定性贡献，特别是发现许多共振态，使他获得 1978 年的诺贝尔物理学奖。

迄今已经发现的共振子有 300 多种，依其自旋可分为两类：凡自旋为半整数的，归于重子族，称为重子共振态；凡自旋为整数的，归于介子族，称为介子共振态。

常见共振子特性如表 7–3 所示。

在粒子大家庭里，加上奇异粒子和共振子，成员多达数百，为使这大家庭更加有序，便于管理，要对粒子进行分类了，究竟如何分类，且听下文分解。

**表 7–3　常见共振子的特性**

| 粒子 | 质量（MeV） | 宽度（MeV） | 寿命（秒） | 自旋 | 电荷（$e$） | 同位旋（I） | 超荷（$Y$） | 重子数（$B$） |
|---|---|---|---|---|---|---|---|---|
| $\rho$ | 773 | 152 | $4.3\times10^{-24}$ | 1 | +1，0，–1 | 1 | 0 | 0 |
| $\omega$ | 782.7 | 10 | $6.6\times10^{-23}$ | 1 | 0 | 0 | 0 | 0 |
| $\Phi$ | 1019.6 | 4.1 | $1.6\times10^{-22}$ | 1 | 0 | 0 | 0 | 0 |
| $K^*$ | 892 | 49 | $1.3\times10^{-23}$ | 1 | （1，0） | $\frac{1}{2}$ | +1 | 0 |
| | | | | | （0，–1） | $\frac{1}{2}$ | –1 | 0 |
| $\Delta$ | 1232 | 115 | $5.7\times10^{-24}$ | $\frac{3}{2}$ | +2，+1，0，–1 | $\frac{3}{2}$ | +1 | 1 |
| $\Sigma^*$ | 1385 | 38 | $1.7\times10^{-23}$ | $\frac{3}{2}$ | +1，0，–1 | 1 | 0 | 1 |
| $\Xi^*$ | 1530 | 9.5 | $6.9\times10^{-23}$ | $\frac{3}{2}$ | 0，–1 | $\frac{1}{2}$ | –1 | 1 |
| $J/\Psi$ | 3097 | 0.06 | $\sim10^{-20}$ | 1 | 0 | 0 | | 0 |
| $\Psi'$ | 3685 | 0.215 | | 1 | 0 | 0 | | 0 |
| $\Upsilon$ | 9458 | ~ 0.06 | | 1 | 0 | 0 | | 0 |

# 第八回

## 粒子分类各有妙计<br>粒子研究条理分明

中国有句成语：“八仙过海，各显神通。”比喻做事各有各的一套办法。在本回中，且看在粒子分类上，各位物理学家如何拿出自己的“看家”本领。

却说自1896年发现电子以来，人们发现并已确认的粒子有400多种，还有300多种已发现但尚未被确定。人们发现粒子一多起来，再将这些粒子笼统地称做“基本粒子”就不合适了，最紧迫的事是对粒子进行分门别类。而且，随着粒子数目的不断增多，研究起来很不方便，记忆起来也很困难，所以人们总想按粒子的不同性质将粒子分类。正如人们用若干特征来区别各种植物、各种动物或各个人种一样，在不同的历史时期，从不同角度出发，分类方法各异。

虽然粒子数目很多，错综复杂，变化万端，但也并非无规律可循。随着粒子物理学研究的不断进步，对各类粒子的性质和特征都了解得很多了，许多粒子具有一些相同或相似的性质，因此可以依据粒子的性质或特征对其进行分析和归类，比如将粒子按其性质分为若干类或者若干家族。由于分类的依据不同，会有不同的分类方法，正所谓“仁者见仁，智者见智”。

## 一 按粒子的质量分类

依据粒子的质量，可以把粒子分成四类，或称为四大家族（表 8–1）：

表 8–1 粒子按质量的分类

| 分类 | 名称 | 正粒子 | | | 反粒子 | | | 自旋 | 静止质量（以电子质量 $m_e$ 为单位） |
|---|---|---|---|---|---|---|---|---|---|
| | | +e | 0 | −e | +e | 0 | −e | | |
| 光子族 | 光子 | | $\gamma$ | | | $(\gamma)$ | | 1 | 0 |
| 轻子族 | e 中微子 | | $\nu_e$ | | | $\bar{\nu}_e$ | | 1/2 | 极微 |
| | μ 中微子 | | $\nu_\mu$ | | | $\bar{\nu}_\mu$ | | 1/2 | 极微 |
| | 电子 | | | $e^-$ | $e^+$ | | | 1/2 | 1 |
| | μ 介子 | | | $\mu^-$ | $\mu^+$ | | | 1/2 | 207 |
| 介子族 | π 介子 | | $\pi^0$ | | | $(\pi^0)$ | | 0 | 264 |
| | | $\pi^+$ | | | | | $\pi^-$ | 0 | 273 |
| | K 介子 | $K^+$ | | | | | $K^-$ | 0 | 966 |
| | | | $K^0$ | | | $\bar{K}^-$ | | 0 | 974 |
| | η 介子 | | $\eta^0$ | | | $(\eta^0)$ | | 0 | 1073 |
| 重子族 | 核子 质子 | p | | | | | $\bar{p}$ | 1/2 | 1836 |
| | 核子 中子 | | n | | | $\bar{n}$ | | 1/2 | 1839 |
| | Λ 超子 | | $\Lambda^0$ | | | $\bar{\Lambda}^0$ | | 1/2 | 2184 |
| | Σ 超子 | $\Sigma^+$ | | | | | $\bar{\Sigma}^-$ | 1/2 | 2328 |
| | | | $\Sigma^0$ | | | $\bar{\Sigma}^0$ | | 1/2 | 2334 |
| | | | | $\Sigma^-$ | $\bar{\Sigma}^+$ | | | 1/2 | 2342 |
| | Ξ 超子 | | $\Xi^0$ | | | $\Xi^0$ | | 1/2 | 2571 |
| | | | | $\Xi^-$ | $\Xi^+$ | | | 1/2 | 2585 |
| | Ω 超子 | | | $\Omega^-$ | $\Omega^+$ | | | 3/2 | 3276 |

1. 光子：静止质量为 0，不带电，自旋为 1。

2. 轻子：如上面所说，质量较轻，包括电子、μ 子、τ 子和对应的三种中微子。自旋为 1/2。

3. 介子：质量介于电子和质子之间，自旋为整数，如 π 介子、K 介子。值得指出的是，后来发现许多介子的质量都超过了质子的质量，把它们归入介子类是根据它们的自旋和其他性质。

4. 重子：质量较大，自旋为半整数，如质子、中子，等等。通常把质子和中子称作核子（N）。

现在也有人把共振子列入这种分类法中，于是粒子就被分为五类。这暂时不放在表中。

## 二　按粒子参与相互作用的类型分类

现在公认的科学分类方法是按粒子参与相互作用的类型来分。粒子共参与四种相互作用：强相互作用、电磁相互作用、弱相互作用、引力相互作用。由于引力相互作用和前三种相比太弱，因此在粒子物理学中往往不考虑它。

根据粒子所参与的相互作用，可把现今所发现的粒子分成三类：媒介子（mediated meson，又称规范粒子）、轻子（lepton）和强子（hadron）三类（表 8–2）。

1. 规范粒子：传递相互作用的粒子，光子传递电磁相互作用，$W^{\pm}$ 和 $Z^0$ 传递弱相互作用，传递强相互作用的粒子称为胶子，胶子共有 8 种。另外，人们普遍认为，传递引力作用的为引力子，但目前尚未发现。

2. 轻子：这些粒子质量都很轻，其中有带电粒子也有不带电粒子，只参与弱相互作用。当然，带电的轻子也参与电磁作用。目前，轻子族成员已发现 6 个，它们是电子、μ 子、τ 子和对应的三种中微子。

3. 强子：参与强相互作用的粒子，也可参与弱相互作用，在已发现的

表 8-2　粒子按相互作用类型的分类

| 类别 | 粒子名称 | 符号 | 质量 MeV | 自旋 | 平均寿命(s) | 主要衰变方式 |
| --- | --- | --- | --- | --- | --- | --- |
| 规范粒子 | 光子 | $\gamma$ | 0 | 1 | 稳定 | |
| | W 粒子 | $W^{\pm}$ | 80800 | 1 | $>0.95\times10^{-25}$ | $W^-\to e^-+\bar{\nu}_e$ |
| | $Z^0$粒子 | $Z^0$ | 92900 | 1 | $>0.77\times10^{-25}$ | $Z^0\to e^++e^-$ |
| | 胶子 | g | 0 | 1 | 稳定 | |
| 轻子 | 电中微子 | $\nu_e$ | <460 eV | 1/2 | 稳定 | |
| | $\mu$ 中微子 | $\nu_\mu$ | <0.19 MeV | 1/2 | 稳定 | |
| | $\tau$ 中微子 | $\nu_\tau$ | <18.2 MeV | 1/2 | 稳定 | |
| | 电子 | $e^-$ | 0.5110034 | 1/2 | 稳定 | |
| | $\mu$ 子 | $\mu^-$ | 105.65932 | 1/2 | $2.19709\times10^{-6}$ | $\mu^-\to e^-+\bar{\nu}_e+\nu_\mu$ |
| | $\tau$ 子 | $\tau^-$ | 1776.9 | 1/2 | $3.4\times10^{-13}$ | $\tau^-\to\mu^-+\bar{\nu}_\mu+\nu_\tau$ |
| 强子 介子 | $\pi$ 介子 | $\pi^0$ | 134.9630 | 0 | $0.83\times10^{-16}$ | $\pi^0\to\gamma+\gamma$ |
| | | $\pi^{\pm}$ | 139.5673 | 0 | $2.6030\times10^{-8}$ | $\pi^+\to\mu^++\nu_\mu$ |
| | $\eta$ 介子 | $\eta$ | 548.8 | 0 | $7.48\times10^{-19}$ | $\eta\to\gamma+\gamma$ |
| | K 介子 | $K^0$ $\bar{K}^0$ | 497.67 | 0 | $0.8923\times10^{-10}$ $5.183\times10^{-8}$ | $K^0\to\pi^++\pi^-$ $K_L^0\to\pi^-+e^++\nu_e$ |
| | | $K^{\pm}$ | 493.667 | 0 | $1.2371\times10^{-8}$ | $K^+\to\mu^++\nu_p$ |
| | D 介子 | $D_0$ $\bar{D}^1$ | 1864.7 | 0 | $4.4\times10^{-13}$ | $D^0\to K^-+\pi^++\pi^0$ $D^+\to K^0+\pi^++\pi^0$ |
| | | $D^{\pm}$ | 1869.4 | 0 | $9.2\times10^{-13}$ | |
| | F 介子 | $F^{\pm}$ | 1971 | 0 | $1.9\times10^{-13}$ | $F^+\to\eta+\pi^+$ |
| | B 介子 | $B^0$ $B^+$ | 5274.2 | 0 | $14\times10^{-13}$ | $B^0\to\bar{D}^0+\pi^++\pi^-$ $B^+\to\bar{D}^0+\pi^+$ |
| | | $B^{\pm}$ | 5270.8 | 0 | | |
| 强子 重子 | 质子 | P | 938.2796 | 1/2 | 稳定 | |
| | 中子 | n | 939.5731 | 1/2 | 898 | $n\to p+e^-+\bar{\nu}_e$ |
| | $\Lambda^0$ 超子 | $\Lambda^0$ | 1115.60 | 1/2 | $2.632\times10^{-10}$ | $\Lambda^0\to p+\pi^-$ |
| | $\Sigma$超子 | $\Sigma^+$ | 1189.36 | 1/2 | $0.800\times10^{-10}$ | $\Sigma^+\to p+\pi^0$ |
| | | $\Sigma^0$ | 1192.46 | 1/2 | $5.8\times10^{-20}$ | $\Sigma^0\to\Lambda^0+\gamma$ |
| | | $\Sigma^-$ | 1197.34 | 1/2 | $1.482\times10^{-10}$ | $\Sigma^-\to n+\pi^-$ |
| | $\Xi$ 超子 | $\Xi^0$ | 1314.9 | 1/2 | $2.90\times10^{-10}$ | $\Xi^0\to\Lambda^0+\pi^0$ |
| | | $\Xi^-$ | 1321.32 | 1/2 | $1.641\times10^{-10}$ | $\Xi^-\to\Lambda^0+\pi^-$ |
| | $\Omega^-$超子 | $\Omega^-$ | 1672.45 | 3/2 | $0.819\times10^{-10}$ | $\Omega^-\to\Lambda^0+K^-$ |
| | $\Lambda_c^+$ 重子 | $\Lambda_c^+$ | 2282.0 | 1/2 | $2.3\times10^{-13}$ | $\Lambda_c^+\to p+K^-+\pi^+$ |

粒子中，绝大多数粒子都属于这一类。强子族是一个庞大家族，在强子中，自旋为整数的粒子称为介子，自旋为半整数的粒子称为重子，也就是说，强子中包括介子和重子。

## 三　按自旋和统计的分类

粒子按其自旋和统计的不同可以分为两大类（图 8–1）：

1. 自旋为 1/2 的奇数倍的粒子：它们满足所谓费米统计，也就是每一个粒子状态最多只能容纳一个这样的粒子。这类粒子统称为费米子，例如电子、质子、中微子等（图 8–2）。

2. 自旋为整数的粒子：它们满足所谓玻色统计，也就是每一个粒子状

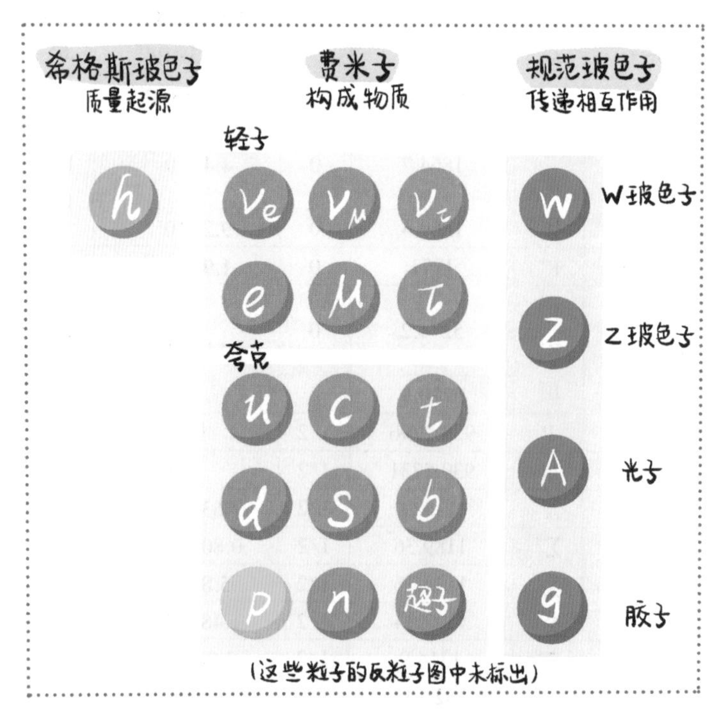


图 8–1　粒子按其自旋和统计的不同可以分为两大类

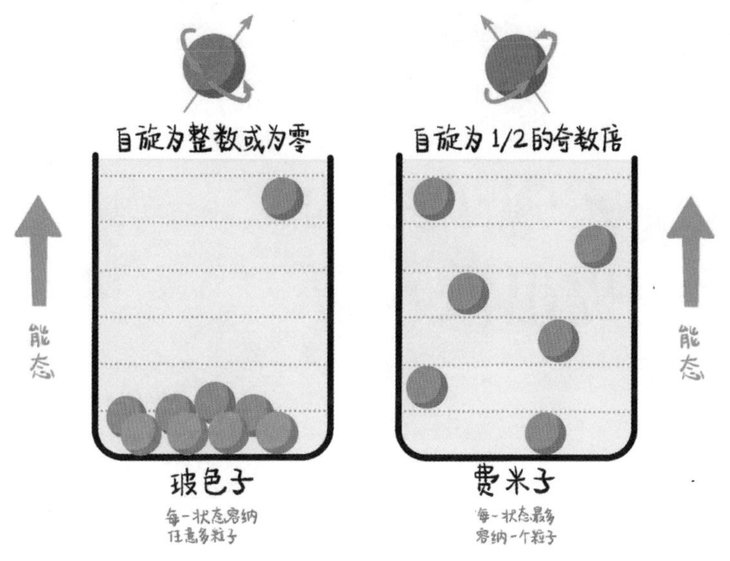


图 8-2　费米子与玻色子

态可以容纳任意多这样的粒子。这类粒子统称为玻色子，例如光子。

此外，还有希格斯玻色子。

## 四　其他分类

若按粒子的电荷分类，粒子可分为带电粒子和中性粒子；按衰变性质和行为，粒子可分为稳定粒子和共振态，其中不能通过强相互作用衰变的粒子称为稳定粒子，可以通过强相互作用衰变的粒子称为共振态；按粒子的正、反可分为粒子和反粒子，其中反粒子的质量、寿命、自旋等与粒子相同，而电荷等相加性量子数与粒子异号，例如电子与正电子。

以后讲到夸克时，还会有一些别的基本粒子分类法，此为后话。

总之，研究粒子分类法有重要意义，不仅便于记忆和整理，而且在研究粒子物理时，可以更有条理地了解粒子的共性和个性，找出其运动和变化规律，预测和发现新的粒子。关于研究粒子分类、编排基本粒子周期表，详见第十六回。

# 第九回

# 大师探索强子结构 盖尔曼提出法八重

上回书说，目前已发现的粒子有 800 多种，其中绝大多数是强子（表 8–2），这使得物理学家们意识到，强子不是基本粒子。由理论研究得知，强子是夸克和轻子的复合粒子，夸克和轻子才是更深层次上的组元粒子，同时实验的事实已经揭示出强子是有内部结构的。

物理学家对强子的结构探索已有很长时间了。20 世纪 40 年代，人们确切知道的强子只有质子、中子和介子（p、n、$\pi^+$、$\pi^0$、$\pi^-$）这几个，质子和中子的反粒子虽然还未发现，但物理学家由正电子的发现，猜想存在质子和中子的反粒子。在这种情况下，费米和杨振宁于 1949 年提出第一个强子结构模型，即费米 – 杨模型，其认为质子和中子是基本的，而介子是由它们及其反粒子组成的。具体来说，$\pi^+$ 可看成由 p 和$\bar{n}$组成（通常在代表粒子的符号上面加一短横，表示相应的反粒子，$\bar{n}$是反中子的符号，读作 n 棒），$\pi^-$ 由 n 和$\bar{p}$组成，而 $\pi^0$ 则含有 p、$\bar{p}$ 和 n、$\bar{n}$，这种组成符合电荷、重子数、轻子数、同位旋守恒的规律。这种模型显示出一种奇妙的对称性，很有说服力。在物理学中，所谓对称性是指物理规律在某种变换（如空间平移、时间平移、空间转动）下的不变性。物理规律每有一种对称性，就相应地存在一个守恒律。

在这里，我们插播一下大物理学家费米的简历。提起费米这个名字，如雷贯耳，物理学界无不翘起大拇指，那么费米是何方人氏，他有何贡献，让我做简要介绍。

恩利克·费米（Enrico Fermi，1901 ~ 1954 年），美籍意大利裔物理学家，1938 年诺贝尔物理学奖获得者。他对理论物理学和实验物理学方面均有重大贡献，首创了 β 衰变的定量理论，负责设计建造了世界首座自持续链式裂变核反应堆，发展了量子理论。

费米出生于意大利罗马，父亲阿尔贝托·费米是通讯部的职员。费米在中学时代就展现了在数学和物理方面的才能。1918 年，费米获得比萨高等师范学校的奖学金，四年之后他在比萨大学获得了物理学博士学位；1923 年前往德国，在量子力学大师玻恩的指导下从事研究工作；1924 年到荷兰莱顿研究所工作；1926 年任罗马大学理论物理学教授；1929 年任意大利皇家科学院院士。

费米在理论和实验方面都有第一流建树，这在近现代物理学家中是屈指可数的。在理论物理领域他很著名，特别是费米－狄拉克统计（1926 年）和 β 衰变理论（1934 年）。1926 年，费米发现了一种新的统计定律——费米－狄拉克统计，他发现这种统计适用于所有遵从泡利不相容原理的粒子，这些粒子被称为费米子。费米－狄拉克统计和玻色子所遵循的玻色－爱因斯坦统计是量子世界的基本统计规律。此外，在理论方面还有上面提到的，费米和杨振宁于 1949 年提出第一个强子结构模型，即费米－杨模型。

由于费米的夫人劳拉是犹太裔，为逃避墨索里尼法西斯政府的迫害，他在 1938 年接受诺贝尔奖之后移居美国。1938 年到 1942 年期间，费米任纽约哥伦比亚大学教授；从 1942 年直至去世，他一直担任芝加哥大学的物理学教授。费米的讲课清晰而精辟，是一位杰出的老师，他的学生中有六位获得过诺贝尔物理学奖，费米于 1936 年出版的热力学讲义成为著名的教学参考书。许多关于费米的故事，一直在芝加哥大学流传。

在1939年哈恩和斯特拉斯曼发现核裂变后，费米马上意识到一个裂变的铀原子可以释放出足够的中子来引起链式反应。1942年12月2日，芝加哥大学的反应堆在他的指导下达到了临界能量，人类第一台可控核反应堆首次运转成功（图9-1～图9-2），这是原子时代的真正开端，因为这是人类第一次成功地进行了一次核链式反应，链式反应的可行性得到了证明，费米也被誉为“原子能之父”。

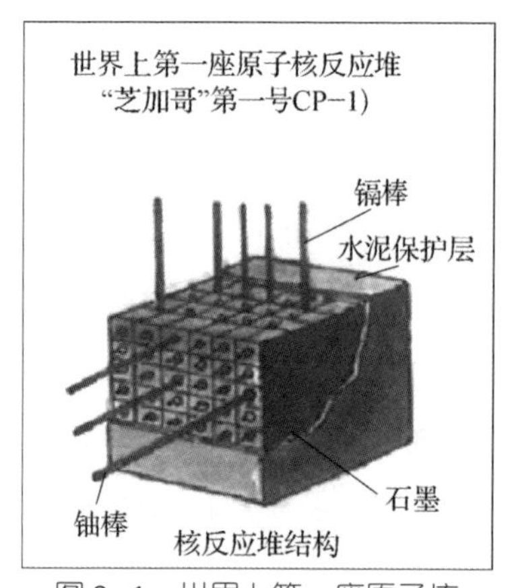

图9-1　世界上第一座原子核反应堆结构图

二战后，费米的主要研究方向是高能物理，他在芝加哥大学建造了一个回旋加速器，开始了关于π介子的实验，他在介子核相互作用和宇宙射线的来源等方面都做出了创新性的贡献。

由于在人工放射性和慢中子方面的工

图9-2　第一座原子核反应堆外形图

作，费米被授予了1938年诺贝尔物理学奖。第100个化学元素镄和原子核物理学使用的“费米单位”（长度单位），就是以费米的名字命名的。为纪念这位物理学家，费米国家实验室和芝加哥大学的费米研究所也都以他的名字命名。

下面书归正传，继续谈强子结构的最初探索。

后来，人们在实验中发现了奇异粒子，在1953～1954年间，日本的中野董夫、西岛和彦和美国的盖尔曼各自提出了奇异数概念（图9–3）。他们认为，奇异粒子除了已有的质量、电荷、自旋等量子数外，还应该有一个奇异量子数S。

图9–3 西岛和彦像

由于奇异粒子的不断发现，使得费米–杨模型遇到了困难。因为质子和中子都不是奇异粒子，S=0，由它们不可能构成奇异粒子（图9–4～图9–5）。

为了能把奇异粒子也包括进来，日本理论物理学家坂田昌一于1956年推广了费米–杨模型，提出质子p、中子n和Λ超子作为三个基本重子，所有其他强子，如介子及重子，都由三个基本重子及其反粒子组成，这就是

图9–4 费米像

图9–5 杨振宁像

图9-6　坂田昌一像

坂田模型（图9-6）。在这个模型中，介子和重子都是坂田的三元体构成的复合粒子，例如：

$$\pi^{+}=p\bar{n},\quad \pi^{-}=n\bar{p}\text{(费米－扬)}$$
$$K^{+}=p\bar{\Lambda},\quad K^{0}=n\bar{\Lambda}$$
$$K^{+}=\Lambda\bar{p},\quad \bar{K}^{0}=\Lambda\bar{n}$$

对介子来说，坂田模型与费米－杨模型一致，但添加了奇异粒子的结构假定。

这个模型在系统地解释介子的性质和强子的一些弱作用衰变方面获得成功，并预言了未知介子的存在，后来又在实验中进一步得到了证实。但是，由于这个模型把质子、中子和 Λ 超子取作基本粒子，而 $\Sigma^{+}$、$\Sigma^{0}$、$\Sigma^{-}$、$\Xi^{0}$、$\Xi^{-}$ 等重子很难用质子、中子和 Λ 超子来构成，所以在解释重子的组成时遇到了一定的困难。尽管如此，这个模型还是为后来提出的夸克模型奠定了基础。

正在此时，盖尔曼开始了对强子分类的研究，他不相信质子、中子和 Λ 超子这三种粒子是“基本”的，但坂田用的 SU（3）对称理论不可放弃。1961 年，在坂田模型的基础上，盖尔曼和 Y. 奈曼提出了用 SU（3）对称性来对强子进行分类的“八重法”，这是在费米－杨模型以及坂田模型方向上的一个重大发展。在物理意义上，费米－杨－坂田模型主要只考虑了强子的同位旋对称性质，而除了同位旋 I 之外，强子还有另外一个重要的内部量子数——超荷，同位旋与超荷这两个量子数与粒子的电荷有着确定的关系。那么，超荷是什么呢？超荷是描述强子内部性质的一种量子数，记为 Y。在粒子物理学中，定义粒子的重子数 B 和奇异数 S 之和为超荷，有时用它来代替奇异数。

这里需要解释一下 SU（3）群、八重态的意义。关于群、对称、李群的解释如下：群是一组元素的集合，在集合中每两个元素之间定义了符合一定规则的某种乘法运算规则。群是对称性的数学表述，离散对称性对应于离散群（如雪花的六边形对称），连续对称性对应连续群（如圆形对应于2维实空间旋转群）。李群是由有限个实（复）参数的连续变化而生成的连续群，U（1）、SU（2）、SU（3）都是李群的例子，分别表示1、2、3维复数空间的旋转。八重态是指把质量相近性质也相近但荷电不同的粒子，看成是一个粒子的不同的电荷态，或者用量子数的语言来说，就是它们有同一的总同位旋I，有不同的同位旋分量$I_3$。盖尔曼利用群论的知识，借助对称的方法将重子和介子，按八个一组来归类，并将这种方法叫作“八重法”。

若以$I_3$为横坐标，以超荷Y为纵坐标，就可以画出基本粒子的八重态图。介子、重子、反重子的八重态如图9–7所示，图中每一部分代表一个八重态，通常叫作幺正八重态，每部分中共八个点，排成规则的几何图形，每一点代表八重态中的一个粒子，八个粒子分处各个顶点。这八个重子，自旋都是1/2，宇称均为正值，质量相近，只是电荷不同、同位旋不同、奇异数不同。

每个八重态中的每一条水平线上的粒子组成一个同位旋多重态，不过，同位旋单态和同位旋三重态重合在一条水平线上。同位旋多重态中的粒子好比是孪生兄弟，幺正八重态好比是一个小家庭，基本粒子大家族就是由这样一些小家庭组成的。比如图9–7中的八个介子，重子数$B$都是0，自

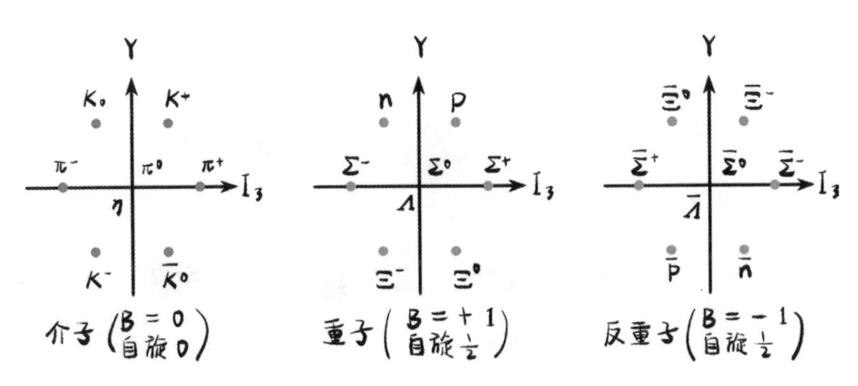


图9–7 介子、重子、反重子八重态。

旋都是 0，质量相差不太远；八个重子，重子数 $B$ 都是 1，自旋都是 1/2，八个反重子，重子数 $B$ 都是 –1，自旋都是 1/2。

让我们再仔细看看重子八重态。从上一回粒子分类表可以看出，强子不仅包括质子 p 和中子 n，还有 $\Sigma^+$ 超子、$\Sigma^0$ 超子、$\Sigma^-$ 超子、Λ 超子、$\Xi^-$ 超子、$\Xi^0$ 超子，合计八种，统称为重子，组成重子八重态（图 9–8）。这八种粒子之所以被称为重子，是因为它们的质量相近，并且比电子、中微子重得多。它们都是费米子，自旋皆为 1/2，但奇异数 $S$ 不同。

盖尔曼的八重法分类（也称为八正法）确实漂亮，可以看作粒子物理中的周期表雏形，不但当时已经发现的粒子在八重法分类中都能有自己的位置，还准确地预言了一些新的粒子。

这种八重法在每个表示中有八种可能的旋转和八种粒子，盖尔曼将它与化学家门捷列夫发现的元素周期表联系起来。当盖尔曼用八重法对粒子进行分类时，他发现像早期的元素周期表一样，出现了一些“空位”，当年门捷列夫由元素周期表上的“空位”准确地预告了尚未探知的元素，而盖尔曼用他遇到的“空位”，预言了尚未发现的基本粒子。这种未知粒子具有独特的性质，包括异常大的质量和异常高的奇异数，而且这种粒子是比较稳定的。这种粒子被称为 $\Omega^-$ 粒子，不过当时人们对它的存在尚有怀

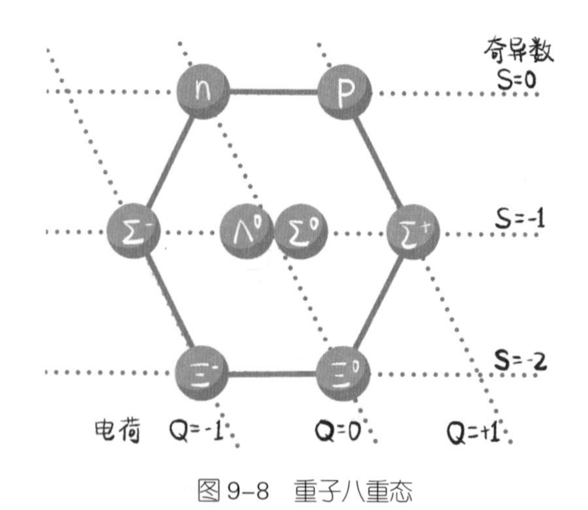


图 9–8 重子八重态

疑。

实践是检验真理的唯一标准。关于 $\Omega^-$ 粒子的预言也需要通过实验加以证明，虽然盖尔曼确信这种粒子应该存在，但从实验上搜寻这种粒子是非常关键的。1963 年 12 月，布鲁克海文国家实验室的萨米奥斯（N. Samios）领导的一个小组，投入了一场搜寻 $\Omega^-$ 粒子的艰难实验中。他们利用加速器将 K 介子猛地撞入质子，并对气泡室的核反应拍照，从拍摄的 10 万张照片中，终于找到了一张照片，上面有 $\Omega^-$ 粒子所特有的衰变痕迹。实验结果表明：该粒子显示的性质与盖尔曼预言的一模一样。1964 年 2 月布鲁克海文国家实验室正式公布发现 $\Omega^-$ 粒子的消息，此后 10 年中，科学家共发现 39 个 $\Omega^-$ 粒子，因此这种粒子的存在是确定无疑的了。这时，盖尔曼的强子分类法已为人们接受，“强子动物园”也正在日趋有序。

$\Omega^-$ 粒子的发现是理论物理学的一个巨大胜利，说明理论预言在粒子物理学中的重要性。同时，这也是对称性理论的一个巨大成功。1969 年，盖尔曼因他的这项成就获得了诺贝尔物理学奖。

盖尔曼喜欢标新立异，有不一样的思考。在八重法取得胜利后，他乘胜追击，勇往直前。他认为，仅仅将强子分类并建立一种亚原子周期表是不够的，似乎应该有一个关于强子的内部结构模型。他打算组成一个粒子群，它们也许是基本粒子，如果以恰当的方式将它们组合在一起，它们就会形成具有各自特性的所有不同类型的强子。某种组合会生成质子，某种组合可能生成中子，某种还可以组合成各种介子，等等。

1964 年，盖尔曼和茨威格在强子分类八重法的基础上，各自独立地提出了一种新的基本粒子模型（相当于基本粒子的“周期表”），盖尔曼称为夸克模型，茨威格称为艾斯模型，关于夸克模型将在第十一回介绍，至于盖尔曼和茨威格的生平，且听下一回分解。

最后附带说明：关于强子内部结构模型还有一个部分子模型。1969 年，费曼提出部分子模型，认为强子是由许多带电的点粒子构成，这些点粒子称为部分子。对实验的分析表明，探测到的带电部分子具有 1/2 自旋，实际上就是夸克或反夸克，这样部分子模型和夸克模型结合起来就成为夸克—

部分子模型。这个模型认为，强子内的部分子可以由三类粒子组成：一类称为价夸克，它们的数目和味是确定的并随不同强子而不同，价夸克决定强子的性质；一类称为海夸克，它们的数目和味是不确定的，但其总和的味性质和真空相同（参见第十六回强子周期表）；还有一类称为胶子，它们的数目不定，其味性质和真空相同，作用是传递色相互作用。

# 第十回

# 盖尔曼奇人发奇想 粒子物理学建奇功

古诗曰：

江山代有才人出，各领风骚数百年。

话说盖尔曼为粒子物理学做出巨大贡献，这盖尔曼是何方人氏，何以如此神通广大，这一回将其生平作简要介绍，让我徐徐道来。

默里·盖尔曼（M. Gell-Mann，1929 ~ 2019 年），1929 年 9 月 15 日出生于美国纽约。他的父母亲原来是奥地利人，第一次世界大战后才移居到美国，他的父亲阿瑟·盖尔曼（A. Gell-Mann）是犹太人，一位语言教师，同时又对数学、天文学和考古学颇有兴趣，而且造诣颇深。由于受到父亲的爱好和职业的影响，盖尔曼从小兴趣广泛，尤其爱好语言和数学。他还有一位做摄影记者的哥哥，对大自然特别是鸟类有独特的喜爱，受哥哥影响，盖尔曼对鸟类知识很有兴趣。

盖尔曼极有天赋，从小就显示非凡的智力，很早就成为街区里有名的神童，很多人夸奖这位“奇才”。他从小做事就非常认真，一丝不苟，很少犯错误，当别人做错事情的时候，他也会马上指出来，毫不顾及对方的面子。盖尔曼 8 岁时就得到了一笔奖学金，得以入读一所重点学校，在学习期间，他的功课差不多是门门优秀，同学们认为他是“会走路的大百科全书”。

盖尔曼 14 岁考入耶鲁大学，从耶鲁大学毕业后，不到 22 岁的盖尔曼在麻省理工学院获得博士学位，随后被“原子弹之父”奥本海默带到普林斯顿高等研究院做博士后，期间曾在费米领导的芝加哥大学物理系授课，并参加到以费米为核心的研究集体之中，他对费米极为崇拜。1955 年，盖尔曼在加州理工学院担任理论物理学副教授，1 年后升正教授，成为加州理工学院最年轻的终身教授，并在这里一直工作到退休。

1953 年，盖尔曼的研究取得了很大成绩，他提出了“奇异量子数”概念，一举成为物理学界的知名人物，而这时盖尔曼只有 24 岁。所谓“奇异”，是指当 π 介子或质子与原子核进行碰撞时，可以产生像 K 介子或超子这样的奇异粒子。这种粒子产生得很快，衰变得很慢。最初，由于难以解释，就将这些粒子叫作“奇异粒子”，详见第七回。

自从盖尔曼发现了被称作奇异数的新量子数后，便一发不可收，科学思想喷涌而出，科学创新接连不断。1961 年，他提出了 SU（3）对称性；1962 年，32 岁的盖尔曼提出了强子分类的八正法，又称八重态（相当于介子和重子的门捷列夫周期表）；1964 年，创立了夸克模型；1969 年，荣获诺贝尔物理学奖。从盖尔曼发现奇异数到获得诺贝尔物理学奖，他的科研历程可以用“渐入佳境”来形容，屡战屡胜（图 10–1 ~ 图 10–2）。

由于杰出的研究成果，除了 1969 年获得诺贝尔物理学奖以外，盖尔曼还获得过许多重要的奖项，如美国物理学会的海涅曼奖（1959）、美国原子能委员会的劳伦斯物理学奖（1966）、美国富兰克林学会的富兰克林奖章（1967）等。盖尔曼获得诺贝尔奖后，费曼给予了极高的赞誉：“盖尔曼是今天的领头理论物理学家。过去 20 年内，我们关于基础物理的知识进展中，没有哪个富有成效的想法没有他的贡献。”

1984 年，盖尔曼在加州理工学院退休之后，创立了圣菲研究所（简称 SFI），他把大部分精力投入简单性、复杂性和复杂适应系统的研究。盖尔

图 10-1　青年盖尔曼

图 10-2　诺贝尔奖获得者盖尔曼

图 10-3　《夸克与美洲豹》书影

曼撰写了《夸克与美洲豹》，启发物理学界对复杂系统的复杂理论进行研究（图 10-3）。在这本论述简单性和复杂性的书里，盖尔曼除了物理学的最前沿以外，还论述了生物学、宇宙学、经济学、语言学、社会学、人类学、考古学、文学艺术等，他涉猎的学科之广使人们不能不钦佩他学识的渊博。

盖尔曼兴趣广泛，喜爱运动，为人幽默与潇洒。出于对鸟类知识的兴趣，盖尔曼在业余时间痴迷于观察鸟类，也许是鸟的分类给了他灵感，进而找到了基本粒子的分类方法。

盖尔曼不愧是一位科学巨人、奇人，有人说他是“统治基本粒子 20 年的皇帝”，也有人称他为“夸克之父”。加州理工学院校长、物理学家托马斯·罗森鲍姆（T. F. Rosenbaum）在一份声明中说：“默里·盖尔曼是物理学史上一位具有开创性的人物。默里对自然的基本模式有着敏锐的洞察力，他是一位博学者，也是物理学与其他学科联系的阐释者，帮助明确了几代科学家的研究方法。”

这里我们还要简单介绍夸克概念的另一位提出者茨威格（图 10-4）。乔治·茨威格（G. Zweig），美国物理学家及神经生物学家，因与盖尔曼分别提出夸克模型而闻名。1937 年 5 月 30 日生于俄罗斯莫斯科的一个犹太

图 10-4　茨威格

家庭，1957 年毕业于密歇根大学，随后到加州理工学院学习，导师是物理学家费曼，期间在 1964 年提出了“夸克”的概念（与盖尔曼同期，但两者为独立研究）。茨威格推测这粒子共有四种，跟扑克牌一样有四种花色，所以起名“艾斯”（Aces，扑克牌中的 A）。茨威格从一开始就认为艾斯是真实的粒子，夸克和艾斯的引入是粒子物理学的一项重要里程碑，可惜的是，尽管茨威格对现代物理的这项中心理论有着如此大的贡献，而且有着费曼的提名，但是他到现在还是没有被授予诺贝尔奖。

茨威格原本要在费曼的指导下成为粒子物理学家，但后来转向神经生物学研究，探索过声波在人类的耳蜗中是如何被转换成神经电讯号的。茨威格曾在洛斯阿拉莫斯国家实验室及麻省理工学院任职科学研究员，2004 年后在纽约长岛的一家金融科技公司工作。曾获美国国家科学院奖（1996）、麦克阿瑟奖（1981）和樱井奖（2015）。

盖尔曼创立了夸克模型，茨威格提出了艾斯模型，异曲同工，夸克模型是什么，且听下文分解。

# 第十一回

# 盖尔曼提夸克模型 起名模仿海鸟叫声

却说奇人盖尔曼，科学创新接连不断，屡战屡胜。1964 年，在坂田模型及强子八重态理论启发下，美国物理学家盖尔曼和德国物理学家茨威格分别独立提出了强子结构的新模型，盖尔曼称为夸克模型，茨威格称为艾斯模型。艾斯模型大体内容与夸克模型相同，但表达较为含糊，之后，人们逐渐都用“夸克”这个术语，“艾斯”一词遂弃而不用了。这里仅介绍盖尔曼的夸克模型。

盖尔曼假设，所有强子都是由更为基本的粒子构成，盖尔曼称该粒子为夸克。这一称谓据说来源于爱尔兰作家詹姆斯·乔伊斯的小说《芬尼根的守灵夜》中海鸟的叫声，盖尔曼用它为粒子命名，这真是奇人的奇怪想法。

夸克有三种，符号为 q，分别称为上夸克 u、下夸克 d、奇异夸克 s。在夸克模型中，所有强子由夸克和反夸克组成：重子（自旋为半整数的强子）由三个夸克或三个反夸克组成，介子（自旋为整数的强子）由正、反两个夸克组成，质子由两个上夸克和一个下夸克组成，中子由两个下夸克和一个上夸克组成（图 11–1）。

夸克这些名字真是有点古怪，其来历暂且不说，更玄妙的是夸克所带

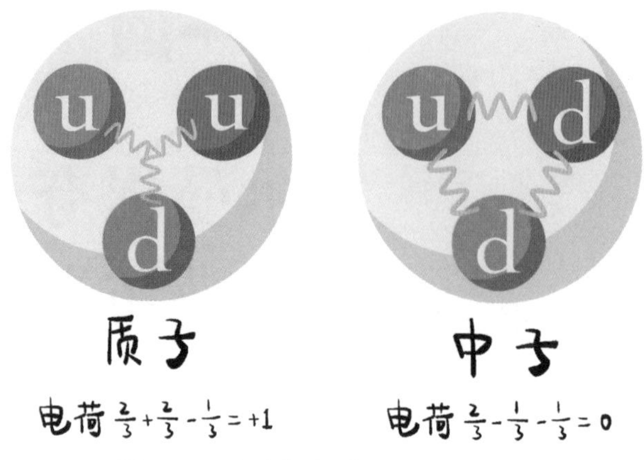


图 11–1　夸克构成质子、中子示意图

的电荷是分数电荷，如 e 的 1/3、2/3……在当时的物理学家看来，这简直是荒唐，因为从美国物理学家密立根通过实验确定电子电荷 e 是基元电荷以后，人们一直公认电子电荷 e 是自然界最小的电荷，即电荷的单位，现在却冒出了一个分数电荷，这怎么不叫人大吃一惊！

正如古诗曰：

删繁就简三秋树，领异标新二月花。

由于“夸克”具有种种奇怪的性质，当时大多数人不太相信夸克模型，夸克模型未能引起重视，甚至诘难不断，但盖尔曼对种种非难不屑一顾，继续坚持并不断完善这种模型。

虽然夸克模型取得了许多成功，但是夸克模型的确也存在一些问题，如重子可以由三个相同夸克组成，都处于基态，自旋方向相同，而且夸克是费米子，这种在同一能级上存在有三个全同粒子的现象，违反物理学上的泡利不相容原理（两个费米子不能处于相同的状态）。

1968 年，盖尔曼为了克服这个困难，类比电荷，又提出每种夸克有三种颜色（红 R、绿 G、蓝 B）的假设，用三原色 RGB 来命名，对每个夸克引入一个新的量子数，用“色”来表示。为了满足实验中观测到的强子无色的特征，规定反夸克与夸克颜色相反，即反红（antired）、反绿（antigreen）及反蓝（antiblue），有些时候也会用互补色青（cyan）、洋红（magenta）及黄（yellow）来表示。有了颜色概念后，将以前的三种夸克叫作三“味”，每一味夸克又有三“色”，这样夸克就“色味俱全”了（图 11-2）。后来，研究表明，每一种夸克只有三色，但夸克的味（即种类或者类型）多于三个。假想夸克是有颜色的，但它们的结合态是无色的，这恰如太阳光由七色组成，而合在一起是白色的一样。不过，读者不要误解夸克的色和味，误以为夸克真的是色彩鲜艳、味道诱人，这里的色和味只不过用来形象说明夸克的属性而已。

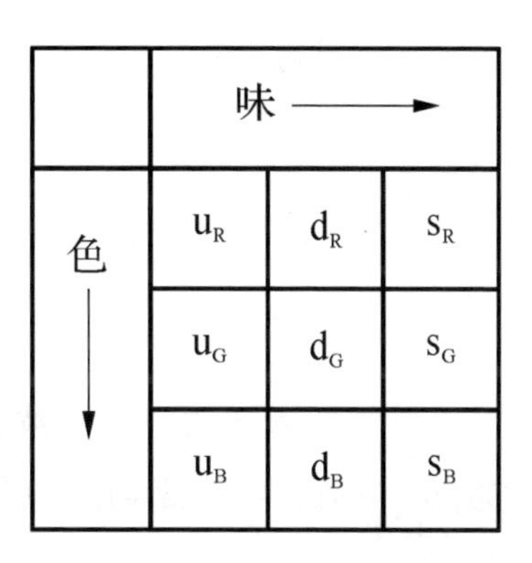


图 11-2　夸克的味和色

夸克的颜色红（R）、蓝（B）、绿（G）相当于三个自由度，例如 $\Omega^-$ 粒子应由一个红 s 夸克、一个蓝 s 夸克和一个绿 s 夸克构成，尽管它们的自旋平行，但颜色不同，可处于同一状态，这样就不违背泡利不相容原理了。

上面说过，夸克的味可能不止 u、d、s 三个，下面看看科学家是如何发现其他种类夸克的存在。

1974 年 J/ψ 粒子被丁肇中和里克特发现后，三种夸克的理论无法解释这种长寿命的粒子，因此引入带有粲数的第四种夸克，称为 C（Charm 粲）夸克，Charm 为可爱或迷人之意。1975 年佩尔发现了重轻子 τ，1977 年莱德曼发现了 Y 粒子，促使科学家相信存在第五种夸克——b 夸克（又称底夸克或美丽夸克），并认为，b 夸克还应该有个伙伴，即第六种夸克 t 夸克（又称顶夸克或真理夸克）。

至此，人们已了解了六类（味）夸克，分别是 u、d、s、c、b、t，每一味（类）夸克都有三色，于是有 18 种夸克，另有它们对应的 18 种反夸克，因此共有 36 种不同的夸克。夸克是人类现有认识水平所认识的基本粒子，所有强子都是由它们构成的。另外，迄今没有发现其内部有结构的还有 6 类轻子，即电子 e、μ 子、τ 子以及与它们对应的中微子，加上其反粒子，共 12 种轻子。目前，人们认为轻子和夸克处于物质结构的同一层次，其区别在于夸克带有色荷（反映夸克颜色的一种性质），因而参与一切相互作用，而轻子不带色荷，不参与强作用。目前已知的轻子按质量、性质可分成如下 3 代，每一代电荷数之和为零（图 11–3）。

| 第一代 | 第二代 | 第三代 |
| --- | --- | --- |
| $\begin{pmatrix} \upsilon_e & u \\ e^- & d \end{pmatrix}$ | $\begin{pmatrix} \upsilon_\mu & c \\ \mu^- & s \end{pmatrix}$ | $\begin{pmatrix} \upsilon_\tau & t \\ \tau^- & b \end{pmatrix}$ |

图 11–3　轻子的 3 代

已知的六味的夸克也被分成了三对，每一对包括两种味的夸克，一种带 2/3 电荷，一种带 –1/3 电荷，称为一代。三代夸克写成三个双重态如下：

$$\begin{pmatrix} u \\ d \end{pmatrix},\begin{pmatrix} c \\ s \end{pmatrix},\begin{pmatrix} t \\ b \end{pmatrix}$$

与三代夸克相应的三代反夸克，写成三个双重态为：

$$\begin{pmatrix} \bar{d} \\ \bar{u} \end{pmatrix},\begin{pmatrix} \bar{s} \\ \bar{c} \end{pmatrix},\begin{pmatrix} \bar{b} \\ \bar{t} \end{pmatrix}$$

夸克和轻子这 48 种粒子成为自然界物质的基本单元，相当于一座大楼的砖头、瓦块，而传递相互作用的粒子（规范粒子）γ（光子）、胶子、中间玻色子和引力子，则相当于黏合剂。

有了夸克，人类对物质结构的认识又深入一步，现在，可以把物质的层次结构绘成如图 11–4 的结构图。顺便说明，最近有实验表明，轻子和夸克可能还有亚结构，这还有待人们的进一步探索。

自夸克模型提出以来，科学家企图利用各种办法寻找自由夸克，但是各种尝试都是失败的。然而，夸克模型的结果与一系列实验事实相符得很

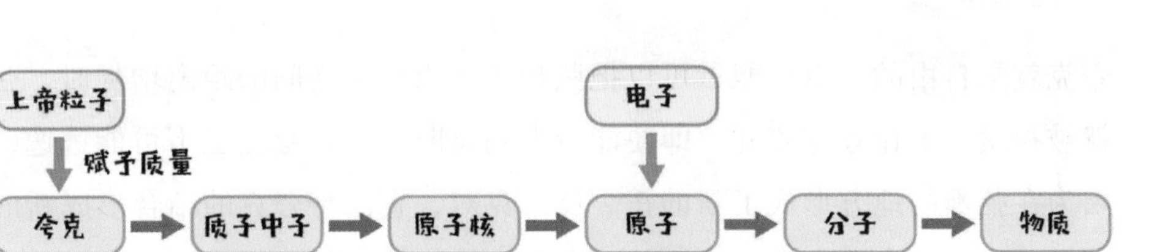


图 11-4　物质的层次结构

好，特别是 J/ψ 粒子的发现，使得人们相信夸克是存在的。那么，自然界中为什么没有自由夸克呢？为了解释这一现象，夸克理论认为，所有夸克都是被囚禁在粒子内部的，不存在单独的、自由的夸克，这称为“夸克禁闭”理论。

近年来，有物理学家不同意这种囚禁理论，认为并不是夸克真的被囚禁，而是轰击强子的炮弹威力不够强大，无法摧毁囚禁夸克的监牢，如果能有足够强大的炮弹把监牢炸开，那么就会把夸克解放出来，人们便能一睹它的真面目了。目前，科学家还在探索自由夸克存在的可能性。

虽然夸克被“禁闭”，人们尚未发现自由夸克，但夸克在强子内部是“渐进自由”的。所谓“渐近自由”，就是说在携带色荷的夸克之间，如果距离越近，那么耦合常数就越小，即强力越小，而当距离任意小时，强力可以任意小，此时每个夸克几乎处在不受强力的“自由”状态。把夸克束缚在强子内部的色作用力与距离的关系如图 11-5 所示。

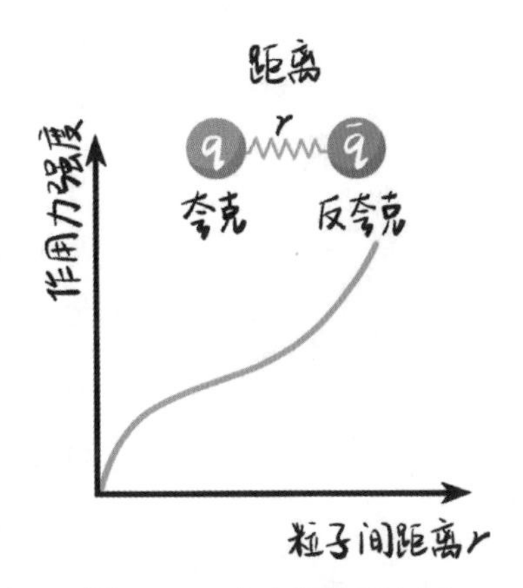


图 11-5　夸克间作用力与距离的关系

由图 11-5 可见，在夸克和反夸克的间隔趋于零的极限下，它们的相互作用力降为零，这种力随着夸克和反夸克的分开而增强。

夸克禁闭和渐近自由可以这样理解：根据粒子的弦模型，强子是一条弦，夸克粘在弦的末端（图 11-6）。只要弦没有拉紧，夸克就是自由的。由于能量可以把弦拉长，当夸克之间的距离增加时，弦就被拉紧，不让夸克离开。即便能量大到拉断了弦，夸克也不可能逃逸，因为在弦断的地方形成了新的正、反夸克对，它们与夸克的结合形成新的强子。这样一来，夸克不可能单独存在，被囚禁在新强子或原来的强子之中。所以，寻找自由夸克的努力至今未获任何成果。

图 11-6　粒子的弦模型

随着几十年的研究进展，人们已逐渐接受夸克模型，并以丰富的实验资料为基础，发展到目前的所谓粒子物理的标准模型。什么是标准模型，容后再谈。

作者为夸克写了一首歌词，名为《夸克之歌》。

浩瀚宇宙与物质深处
有一些小精灵
它们名字叫夸克
模仿着海鸟的叫声
它们皮肤有红绿蓝
它们活泼又聪明
它们伶俐勇敢神通广大
把质子中子来组成
其父盖尔曼独具匠心
为它们起了这古怪的名
它们有色还有味
各味相似体重不同
别看它们是小不点

却是宇宙万物基本组成
可惜它们现在还被囚禁
暂无能力让它们冲破牢笼
一旦解放获得自由
会看见它们的真容倩影

1974 年，J/ψ 粒子的发现暗示粲夸克的存在，因为 J/ψ 粒子的发现中有美籍华人的卓越贡献，值得一书。欲知详情，且听下回分解。

# 第十二回

# 丁肇中发现J粒子<br>里克特则异曲同工

话说1974年11月，在粒子物理学界发生了一件轰动全世界的大事，媒体称作“11月革命”——美国的两个实验室同时发现了一个新粒子，丁肇中小组把它叫作J粒子，里克特小组则称作ψ粒子，因此，通常就把它叫作J/ψ（杰/普西）粒子。

丁肇中是美籍华人，在这项工作中做出巨大贡献，从而和里克特共获1976年诺贝尔物理学奖。下面我单表实验物理学家丁肇中。

丁肇中（Samuel C. C. Ting），实验物理学家，美籍华人，祖籍山东省日照市涛雒镇。丁肇中出生在美国密歇根州的安娜堡，父亲丁观海、母亲王隽英皆任教于大学，在出生的两个月后，丁肇中随母回国。丁肇中幼年时中国正处在战乱时期，他随父母辗转山东、安徽、江苏、湖北、四川，过着动荡不安的流亡生活。丁肇中童年主要由他的父母在家里教育，1943年到1945年，丁肇中曾在重庆嘉陵实验小学（现重庆磁器口小学）读书。1948年，丁肇中12岁那年全家搬迁台湾，他开始接受正规教育。受知识分子家庭的影响，他对学习一丝不苟，读书专心致志，非常珍惜时间，学习成绩在班中首屈一指。1956年，丁肇中赴美留学，用三年时间完成了四年学习课程，获得数学和物理两个学士学位。两年后，丁肇中获得物理博士学位。丁肇中曾师从吴健雄和杨振宁进行核物理研究，1963年他获得福特基金会的奖学金前往瑞士日内瓦欧洲核子研究中心工作。1969年，丁肇中担任麻省理工学院物理系教授。

1974年，丁肇中经过异常艰苦的工作，在美国布鲁克海文国家实验室的同步加速器上测量高能质子打击铍靶产生正负电子对的有效质量谱时发现了J粒子，丁肇中因此获得了1976年诺贝尔物理学奖，引起全世界巨大反响，美国《新闻周刊》评论说："J粒子的发现，是基本粒子科学的重大突破"。

1976年，在瑞典诺贝尔奖授奖仪式前，丁肇中要求用中华民族的语言汉语进行演讲。他说："我是中国人，需要用汉语发表演说。"经过他的坚持，会议主持人同意他的获奖演说先用中文后用英文。在他简短的中文讲演中，表达了他对中华民族和对祖国的深情，也表达了他对科学的真知灼见。

此外，通过高能正负电子对撞的物理实验，丁肇中在1979年发现了三喷注现象，为胶子的存在和量子色动力学提供了实验依据。他主持进行的电磁作用与弱作用干涉效应的实验，为弱电统一理论提供了实验依据。

1995年，丁肇中领导了12个国家参与的大型国际合作项目——阿尔法磁谱仪实验，在太空中寻找暗物质和反物质。

丁肇中学术思想的特点是在科学研究中非常重视实验，他认为，物理学是在实验与理论相互紧密作用的基础上发展起来的，理论进展的基础在于理论能够解释现有的实验事实，并且还能够预言可以由实验证实的新现象。

在瑞典诺贝尔奖授奖仪式上的演讲中，丁肇中特别指出：

我是在旧中国长大的，因此，想借这个机会向发展中国家的青年们强调实验工作的重要性。中国有句古话："劳心者治人，劳力者治于人。"这种落后的思想，对发展中国家的青年们有很大的害处。由于这种思想，很多发展中国家的学生都倾向于理论的研究，而避免实验工作。事实上，自然科学理论不能离开实验的基础，特别是物理学更是从实验中产生的。我希望由于我这次得奖，能够唤起发展中国家的学生们的兴趣，而注意实验工作的重要性。

严谨细致的丁肇中是在美国布鲁克海文国家实验室发现J粒子的。这次实验异常艰巨，丁肇中曾做过一个生动的比喻："在雨季的时候，一个像波士顿这样的城市，一秒钟之内也许要降落下千千万万的雨滴，如果其中的一滴雨有着不同的颜色，我们就必须找出那滴雨！"经过十年的艰苦奋战，丁肇中在这个实验室用质子同步加速器使质子加速，再用加速后的质子作为炮弹去轰击金属铍，产生新的粒子，然后测定新粒子衰变产物的有效质量，从而证明J粒子的存在（图12-1～图12-2）。

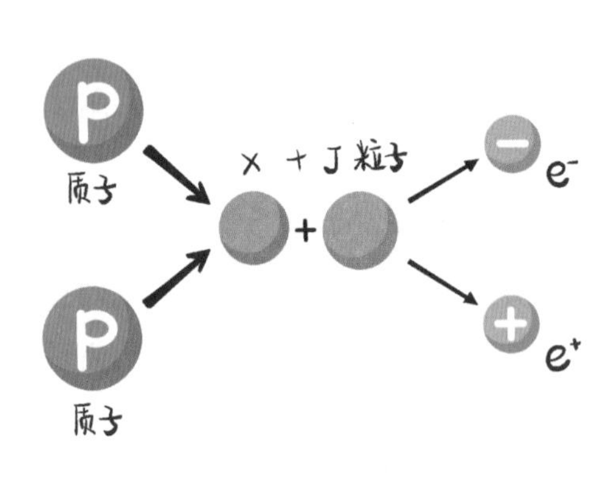


图12-1　二个质子碰撞产生J粒子的示意图

图12-2　发现J粒子时丁肇中团队成员都来到控制室

这个过程的反应式为

$$p+Be \rightarrow e^{-}+e^{+}+X$$

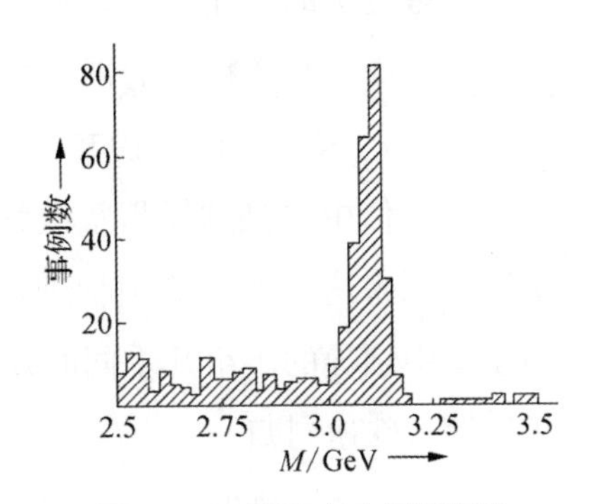


图 12-3　丁肇中小组发现的共振粒子

丁肇中团队测量了碰撞产物中 $e^{-}$、$e^{+}$ 的动量和能量，然后算出不变质量 M[1]，再以 M 为横坐标，以相应事例数为纵坐标作图（图 12-3），图中显示出清晰的共振峰，表明存在着一个质量约为 3097 MeV 的粒子，这就是 J 粒子。过程正是通过这个中间粒子 J 进行的：

$$p+\text{靶核} \longrightarrow J+X,\quad J \longrightarrow e^{+}+e^{-}$$

丁肇中对实验结果的发表是相当慎重的。实际上，1974 年 8 月份，丁肇中团队在分析质子碰撞实验 $p+Be \rightarrow e^{-}+e^{+}+X$ 过程中电子对体系的能量分布时，就发现在 3.1 GeV 附近有峰值。可是他们当时对自己的发现抱有怀疑，因为要把电子对从强子背景中分离出来需要提高实验的鉴别能力。一方面为了慎重，另一方面也许为了等待进一步实验结果，丁肇中当时没有宣布他们的发现。直到 11 月 10 日丁肇中参加一个学术会议时，听到 SLAG 的负责人潘诺夫斯基（E. Panofsky）谈起 SLAG 最近在 E=3.1 GeV 附近发现了尖锐高峰时，才感到事不宜迟，要立刻发表他们的发现。于是，他要助手们立即准备发表他们的发现，并把发现的粒子命名为 J 粒子。物理学工作者对于新粒子的发现真是又惊又喜，这一发现在粒子物理学界引起轰动，正如我国著名物理学家朱洪元所说的：“J 粒子的发现震动了整个国际物理学界。J 粒子的性质不可能由已有的强子结构的理论得到解释，人们被迫要增加层子（即夸克）的种类，至少由 3 种增加到 4 种。”这暗指第四种夸

1　不变质量（或称内秉质量、固有质量，亦常简称为质量）指的是一个物体或一个物体系统由总能量和动量构成的在所有参考系下都相同的一个洛伦兹不变量，当这个系统作为整体保持静止时，不变质量等于系统的总能量除以光速的平方，这也等于这个系统在一个与之相对静止的秤上称得的质量。如果系统由一个单一粒子组成，不变质量也称作这个粒子的静止质量。

克（粲夸克）的存在。

丁肇中发现J粒子的消息公布以后，世界各地的报纸和电台争先恐后地发布这一重要新闻，1975年2月14日，美国总统福特写信给丁肇中表示祝贺。信中提到“斯坦福线性加速中心和伯克利劳伦斯实验室组成的小组”，原来这指的是美国物理学家里克特领导的一个实验小组，这个小组与丁肇中领导的小组几乎同时发现了同一个新粒子，他们称之为ψ粒子，正所谓“殊途同归”。

在这里我们简单介绍B. 里克特的生平。

图12-4　伯顿·里克特

伯顿·里克特（1931～2018年），美国物理学家，出生于美国纽约（图12-4）。里克特从小就对科学感兴趣，10岁左右产生了一个念头，想知道宇宙是怎样运行的。上大学后，他渐渐发现学习物理更能从根本上帮助他理解宇宙，他说：“是我童年时的这个问题引导我去学物理，并最终进入物理学这个美妙的世界的。”

1948年，里克特进入麻省理工学院，大三时曾参加正电子素实验，开始接触到电子—正电子系统，他的大学毕业论文题为《氢的二次塞曼效应》，成绩优异。1952年，里克特获得麻省理工学院物理学学士学位，1956年获该校核物理学博士学位。毕业后，里克特接受了斯坦福大学的一个研究职位，在这里他很快得到晋升，并在1967年被聘为物理学系正教授。

里克特于1973年研制成功一台碰撞束机器，利用这种精密仪器，1974年终于得到了满意的成果，发现了新粒子——ψ粒子。与此同时，丁肇中领导的小组也发现了同样的新粒子，他们称为J粒子，后来双方达成一致，把这个粒子叫作 J/ψ 粒子。1976 年，他们因为这一发现共同获得诺贝尔物理学奖。

下面书归正题，继续讲 ψ 粒子的发现过程。

里克特小组研究的是完全不同的过程，他们用的是 $e^+$、$e^-$ 对撞机，研究的是 $e^+$、$e^-$ 对撞过程，反应式为：

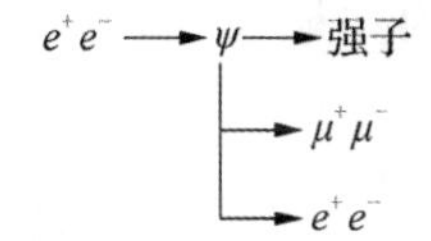


实验结果如图 12-6 所示，该图以质心系能量 E 为横坐标，以散射截面为纵坐标，画出强子、$\mu^+\mu^-$、$e^+e^-$ 三种反应的情况。从图中可以看出，在能量为 3.097 GeV 处有明显的共振峰，表明 ψ 粒子的存在。由图 12-5 可知，共振峰很窄，这意味着 ψ 粒子寿命很长，达到 $10^{-20}$ 秒。

ψ 即为里克特小组发现的新粒子，也就是 J 粒子。后来为了这个粒子到底采用哪一个名字，曾有过争论，最后还是达成了协议，干脆把这个粒子称作 J/ψ 粒子。

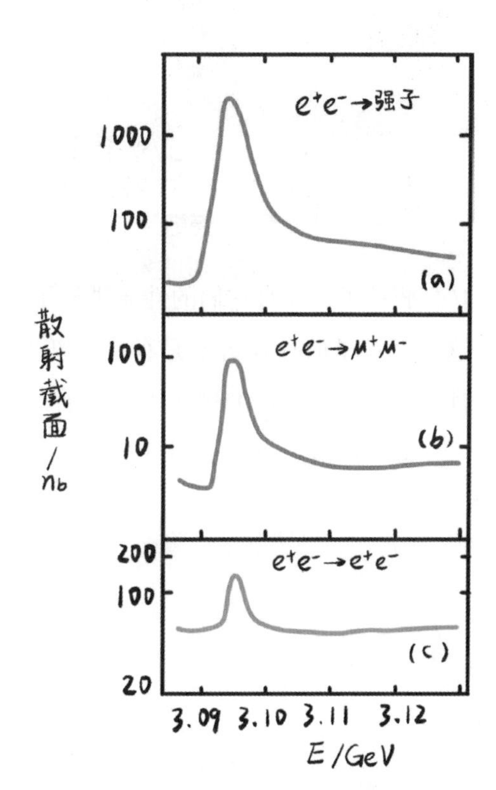

图 12-5　发现 ψ 粒子的实验结果

J/ψ 粒子的发现在全世界引起很大反响，这种出世不凡的粒子究竟有什么特点值得这么轰动呢？J/ψ 粒子有三点与众不同：第一，J/ψ 粒子比较重，其质量为质子质量的 3 倍。第二，J/ψ 粒子的寿命特别长，数量级是 $10^{-20}$ 秒，然而与 J/ψ 粒子同类的其他粒子的寿命却是 $10^{-24}$ 秒左右，也就是说 J/ψ 粒子是其他同类粒子寿命的 1000 倍。一般说来，粒子的质量越大，衰变的可能方式就越多，寿命也应该越短，然而 J/ψ 粒子却不服从这种规律，这不有点奇怪吗？第三，从盖尔曼提出夸克模型到 1974 年，人们相信质子由 3 种夸克（u、d、s）组成，即“3 夸克理论”，J/ψ 粒子的发现打破了所谓“3 夸克理论”。J/ψ 粒子的特性不能只用三味夸克解释，应该还有第四种夸克，后来这第四个夸克被称为“粲夸克”，用 c 来代表。此项预测直接导致粲夸克的发现，后来，存在第四种夸克的思想得到了实验的巨大支持，在实验中发现粲夸克后，J/ψ 粒子的特性为何与众不同迎刃而解，实际上，J/ψ 粒子是由粲夸克和反粲夸克组成的（图 12-6）。

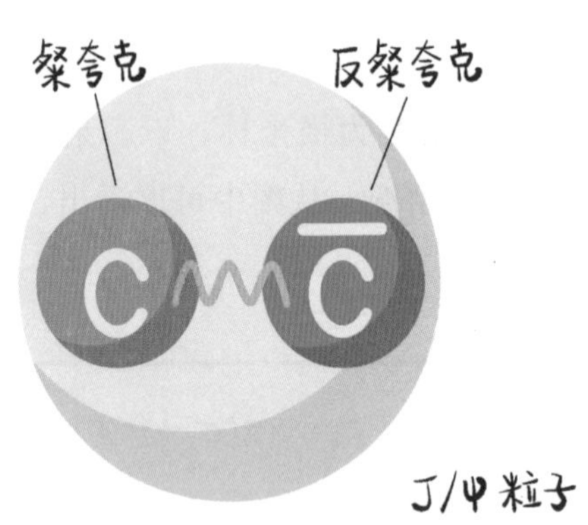

图 12-6　J/ψ 粒子由粲夸克和反粲夸克组成示意图

发现 J/ψ 粒子的重大意义在于，自宣布发现 J/ψ 粒子后，世界各地的加速器都对此进行了研究，不仅确认了 J/ψ 粒子的存在，而且发现了一批 J/ψ 族粒子，并对它们的性质进行了细致的测定，进行了很多的实验活动。这种新粒子的存在可能是存在着新的夸克的征象，证实了夸克模型的正确性，为粒子物理研究展示了新的前景。

欲知详情，且听下回分解。

# 第十三回

# 三味重夸克被发现
# 夸克模型大功告成

诗曰：

先有理论后发现，
苦苦寻觅几十年。
三代六味均找到，
夸克家族大团圆。

话说盖尔曼最初提出夸克模型时，只包含三种，从历史来看，对夸克的发现是逐步深入的。夸克按其质量大小可分为轻夸克和重夸克，上述已发现的三味夸克——上夸克、下夸克和奇异夸克，统称为轻夸克，而后来发现的三味夸克——粲夸克、底夸克和顶夸克则被称作重夸克，它们是如何被发现的，分别介绍如下。

首先应该说明，所谓发现了某种夸克实际上是发现了由这种夸克及其反夸克组成的束缚态（$q\bar{q}$），由此间接地证实夸克 q 的存在，而并不是直接发现了单个夸克，因为夸克是被“囚禁”的。

## 一　粲夸克的发现

物理学的发展，似两条腿走路，有时先迈右腿，有时先迈左腿。物理学的理论和实验也是相辅而行的，有时先提出理论假说，而后由实验上加以验证；有时是实验上做出新发现，然后理论给予解释。粲夸克的发现就属于前者。在 1964 至 1973 年间，粒子物理学无论是在实验上，还是理论上都取得很大的进展，支持盖尔曼提出的夸克模型。

丁肇中发现的 J 粒子是一个介子，它的质量约为 3095 MeV，很重，但是作为一个共振子，它的寿命又显得很长（约 $10^{-20}$ 秒），比一般共振子的寿命长千倍。按常规，强子的质量愈重，它的衰变方式愈多，寿命也应愈短，为什么 J 粒子的寿命这样长呢？这里一定有新东西在起作用。

粲夸克的概念最初是格拉肖等人提出，据格拉肖著的 *The Charm of Physics* 一书中所写的《粲夸克的提出与发现》：“在夸克被提出后不久，1964 年，格拉肖、布约肯以及其同事伊利普洛斯、马依阿尼认为，应该存在着第 4 种夸克，他们称它为‘粲夸克’”。他们的推测是根据一个“周期表”，不过不是根据元素周期表，也不是根据亚核粒子的周期表，而是根据一个夸克和轻子的“周期表”。然而直到 1970 年，没有实验证明粲夸克的存在，但是格拉肖等人坚信粲夸克必然存在，没有粲夸克的理论是非常不对称的。

在 J/ψ 粒子发现以后不久，对于这种粒子究竟是什么，存在着许多不同的看法。格拉肖和他的同事们认为，J 粒子是由正、反粲夸克对组成的，即它是粲夸克与反粲夸克的束缚态。

在实验上寻找粲夸克的工作在积极进行。1975 年初，布鲁克海文国家实验室的萨米奥斯小组报告，已观察到含有一个粲夸克的粒子，它是由一个上夸克、一个下夸克和一个粲夸克所构成的，不过萨米奥斯只能找到这个粒子产生的一个事例，不足以说服物理学界相信粲夸克的存在。

到了 1976 年，戈德哈伯（G. Goldhaber）的小组在位于加利福尼亚的斯坦福直线加速器中心的 SPEAR 正负电子对撞机上，终于发现了难以捕捉的、含粲夸克的介子，不久，他们又指出了它的特性。正如格拉肖等人以前所预言的那样，粲夸克就这样被发现了，这是第四种夸克，为物理学界所承认，叫作粲夸克，记作 c。

根据对称原理和夸克的代分类，粲夸克应有如下的基本性质：质量比前三种夸克大得多，因为 J 粒子比通常的介子重三、四倍以上，所以人们都认为粲夸克是一种重夸克；粲夸克的自旋是 1/2，重子数也 1/3，电荷是 2/3，但它是电荷单态，同位旋是 0；此外，粲夸克具有一个新的量子数 C，称为粲数，正、反粲夸克的粲数分别为 1 和 –1。

## 二　底夸克的发现

在理论上，1973 年日本物理学家小林诚和益川敏英根据 K 介子衰变中的 CP 破坏，预言了存在第三代夸克，从而获得了 2008 年的诺贝尔物理学奖（图 13–1 ～图 13–2）。1975 年以色列物理学家哈伊姆·哈拉里（Haim Harari）将这两个理论中的粒子命名为底、顶夸克。

图 13–1　小林诚

图 13–2　益川敏英

1977 年，莱德曼和他的小组在费米实验室里正在研究 400 GeV 质子同步加速器产生的质子束与固定靶的碰撞。照理应该产生 μ 子对或电子对，但是当分析实验曲线时，从质量—频率图上发现在 l0 GeV 左右出现了一个峰，这个峰被证明出现了一个新粒子，称为 Υ（读作宇普西隆）粒子。这个粒子应该是由某个夸克和相应的反夸克结合而成，其质量大约为 l0 GeV 的一半，即 5 GeV。于是不但证实了夸克的存在，而且知道它的质量，这个夸克就是底夸克，取名“美丽”（beauty）或“底”（bottom），用第一个字母 b 表示。b 夸克的质量为 4.2 GeV，电荷数和 d 夸克、s 夸克一样，为 –1/3。

在丁肇中宣布发现 J 粒子时，莱德曼说，早在 10 年前他们小组在类似的实验中曾观察到这个粒子的微小信号，但是因为信号太微弱放弃了。错失发现这个粒子的机会，非常遗憾。然而，莱德曼他们并没灰心，继续做实验，用费米实验室的 400 GeV 的质子加速器提供的质子束去轰击固定靶，反应式为：

$$p+p \rightarrow \mu^{-}+\mu^{+}+X$$

质子—质子碰撞费曼图如图 13–3 所示，质子是由夸克组成的，质子之间的碰撞实际上是夸克之间的碰撞。图中显示，某个质子中的夸克正巧和另一个质子中的反夸克相遇，这对夸克—反夸克湮没成一个虚光子 γ，紧接着，这个虚光子衰变为一对 μ 子（或电子对）。这正是莱德曼他们看到的现象。

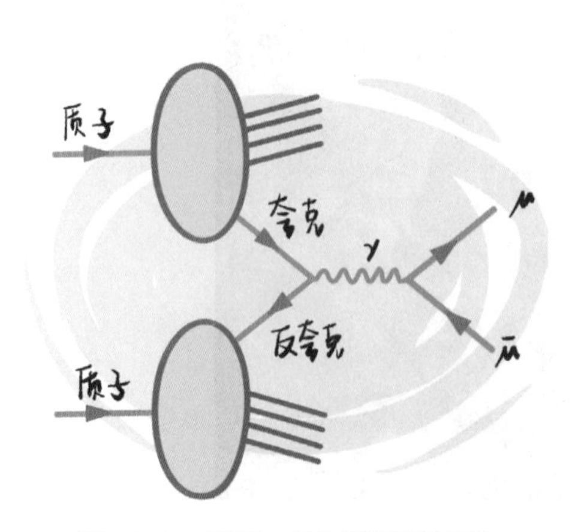

图 13–3　质子—质子碰撞费曼图

莱德曼意识到，只要观察强子碰撞中产生的 μ 子对，就可以了解有关基本粒子中夸克、反夸克的情况。于是他们测量 μ 子对的不变质量的分布（即截面—不变质量关系曲线），如图 13-4 所示，横坐标为不变质量 $M$，纵坐标为截面（与事例数正相关），发现在 9.5 GeV 附近事例数增加了一点，形成一个不大的峰，他们喜出望外。这恰似：

山重水复疑无路，柳暗花明又一村。

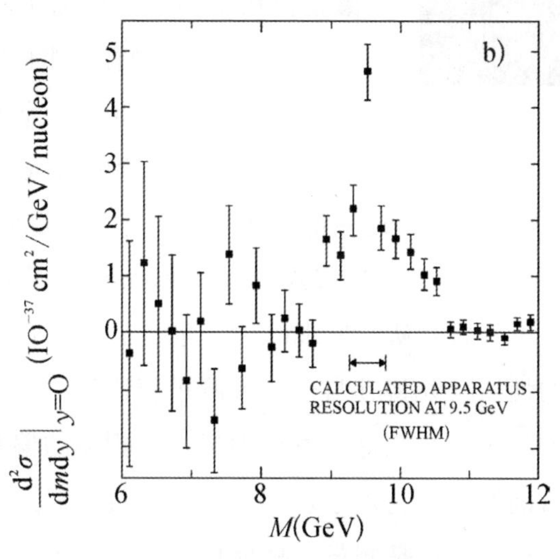


图 13-4 μ 子对的不变质量的分布（据莱德曼 1977 年论文）

1977 年 5 月，仪器经过调整后，又开始了一轮新的试验。这轮实验明确显示出在 9.4 GeV 处有一个很窄的峰，他们终于发现一个新粒子——Υ 介子，这让他们非常高兴。此外，在 10 GeV 左右，还有两个类似的粒子（现已搞清楚，这是 Υ′、Υ″ 介子）。6 月 20 日，莱德曼小组向全世界宣布发现了 Υ 介子，在 J/ψ 粒子发现后还不到 3 年，人们没想到这么快又来个新粒子，粒子物理又迈出了重大的一步。

在 Υ 介子的事例数—不变质量关系曲线上，9.4 GeV 处的峰很窄，使人想到，Υ 介子是由一种更新的夸克和反夸克组成的，这种夸克叫底夸克，或者叫美丽，用符号 b 表示。这样，Υ 是由夸克和反夸克按自旋平行

图 13–5　利昂 · 莱德曼像

方式构成，可表示为 $\Upsilon=(b\bar{b})\uparrow\uparrow$。

利昂 · 莱德曼（1922 ~ 2018 年），著名粒子物理学家，出生于纽约，1946 年进入哥伦比亚大学物理系读研究生，1951 年获得博士学位后留校工作，1958 年后任该校教授（图 13–5）。从 50 年代后期至 70 年代中期，莱德曼曾在欧洲核子研究中心从事研究工作，1979 ~ 1989 年曾任费米国家加速器实验室主任，并主持超导超级对撞机建造计划。莱德曼在粒子物理实验领域成果卓著，荣获 1988 年诺贝尔物理学奖，此外，还赢得了其他许多奖励和荣誉。

顺便说一下，两年前科学家观察到希格斯玻色子衰变成一对底夸克（HBB），现在将其研究从“发现时代”推进到“测量时代”。通过测量希格斯玻色子的性质，并将其与理论预测进行比较，物理学家可以更好地理解这种独特的粒子，并在这个过程中寻找与预测的偏差。这些预测将指向超出科学界目前对粒子物理学理解的新物理过程，这是寻找新物理学的一个重要进展，这些分析是测量希格斯玻色子性质漫长旅程中至关重要的一步。

## 三　寻找顶夸克的艰苦历程

从 c（粲）夸克的发现到 b（底）夸克的发现，只用了近三年的时间，有些人由此以为找到顶夸克一定不是很困难的事情。然而，这种想法错了。

1977 年发现底夸克后，人们从已发现的各夸克质量变化的趋势，曾猜测顶夸克的质量可能是底夸克质量的 3 倍左右，即处于 15000 MeV 附近。因为顶夸克的质量非常大，称得上是夸克家族中的巨人，所以发现它要比发现其他 5 种夸克困难得多，对加速器产生的粒子能量提出了更高的要求，所以说寻找顶夸克是漫长又艰苦的历程。

正因为“最后”这个夸克不容易找，所以谁能先找到它，将是无上的荣幸。世界各个国家的著名实验室，如德国汉堡的电子同步加速器中心（DESY）、美国的斯坦福直线加速器中心（SLAC）、欧洲核子研究中心（CERN）以及日本筑波的高能物理研究所（KEK），都在积极备战，展开激烈竞赛，想在搜寻最后一个夸克的实验中争个高低，取得头功。

从1979年起，他们争相寻找顶夸克，可是十几年也没发现。1992年5月，费米实验室借助世界上最强大的质子—反质子对撞机Tevatron（万亿电子伏特加速器）来寻找顶夸克，实际参加实验的是2个对撞机探测器（CDF、D0），其中CDF探测器大约12米宽、12米高、28米长，总计有10万多个探测单元。仅CDF实验组就有398人，他们分别来自加拿大、美国、中国、意大利和日本等国家。

CDF实验组在极端高能状态下，利用质子轰击反质子，进行了$10^{12}$次实验，即万亿次对撞后，宣布其中有1600万次碰撞被认为是值得分析的碰撞。经过2年的分析，在1600万次有效碰撞中，发现其中12次碰撞有可能发现顶夸克，然后又在12个结果中精挑细选了7个结果，有力地证明了顶夸克的存在。可想而知，现在粒子物理学的研究是多么困难。

直到1995年3月，费米实验室才宣布该实验室的CDF组观察到了顶夸克存在的实验证据，出于审慎，他们没有用“发现”一词。直到同实验室的另一个实验组也用不同的方法找到了由顶夸克衰变为底夸克和W玻色子的事例，两组实验相互印证，费米实验室才宣布发现了顶夸克。这一发现，完成了3代夸克的大团圆（图13-6）。

顶夸克的发现表明，它的质量为最轻的上夸克的三万多倍，即在176 GeV左右，几乎和金原子一样重。这是对探索基本粒子的机制很重要的启发，对完善原有的理论也有重要意义。

这种叫作“真理”的顶夸克（t）终于被发现了，从底夸克到顶夸克的发现，历经了近18年的漫长岁月，可见探索难度之大，不是“十年磨一剑”，而是十八年。这十八年中，成百上千的实验物理学家、理论物理学

图 13–6　费米实验室鸟瞰

家和工程技术人员历尽艰辛，耗费巨资，对物质结构进行了大规模的科学探索，终于在实验上发现了顶夸克，这真是“功夫不负有心人”。

由此可见，寻找夸克的征程漫长而坎坷，而真正的科学家从来不畏艰难险阻，勇往直前，把粒子物理科学与技术不断向前推进。正应了马克思的那句名言：“在科学的道路上，没有平坦的大道可走，只有在那崎岖的小路上努力攀登的人，才有可能到达光辉的顶点。”

## 四　夸克和轻子的祖孙三代

至此，六味夸克都被发现了，每种夸克味都有自己的一组味量子数〔同位旋（$I_3$）、粲数（$C$）、奇异数（$S$）、顶数（$T$）及底数（$B'$）〕，它们代表着夸克系统及强子的一些特性（表 13–1）。因为重子由三个夸克组成，所以所有夸克的重子数（$B$）均为 +1/3；反夸克的电荷（$Q$）及其他味量子数（$B$、$I_3$、$C$、$S$、$T$ 及 $B'$ ）都跟夸克的差一个正负号；总角动量 $J$ 和点粒子的自旋相等。

轻子也有六种，仔细考察一下发现，轻子 e、μ 、τ 非常相似，它们有相同的电荷与自旋，中微子 $\nu_e$、$\nu_\mu$、$\nu_\tau$ 的情况也是这样。因此，通常把（e，$\nu_e$）称为第一代轻子，（μ，$\nu_\mu$）称为第二代轻子，（τ，$\nu_\tau$）称为第三代轻子，所以说轻子有三代，代与代在性质上表现出一种令人百思不解的重复性。于是，可以列出轻子家族的三代周期表（表 13–2）。

**表 13–1　夸克家族主要性能**

| 名称 | 符号 | 质量（$MeV/C^2$） | $J$ | $B$ | $Q$ | $I_3$ | $C$ | $S$ | $T$ | $B'$ | 反粒子 |
|---|---|---|---|---|---|---|---|---|---|---|---|
| 上夸克 | u | 2.3 | 1/2 | +1/3 | +2/3 | +1/2 | 0 | 0 | 0 | 0 | 反上 |
| 下夸克 | d | 4.8 | 1/2 | +1/3 | −1/3 | −1/2 | 0 | 0 | 0 | 0 | 反下 |
| 粲夸克 | c | 1.27 GeV | 1/2 | +1/3 | +2/3 | | +1 | 0 | 0 | 0 | 反粲 |
| 奇异夸克 | s | 95 | 1/2 | +1/3 | −1/3 | | 0 | −1 | 0 | 0 | 反奇 |
| 顶夸克 | t | 173.2 GeV | 1/2 | +1/3 | +2/3 | | 0 | 0 | +1 | 0 | 反顶 |
| 底夸克 | b | 4.18 GeV | 1/2 | +1/3 | −1/3 | | 0 | 0 | 0 | −1 | 反底 |

**表 13–2　轻子的三代周期表**

| 代 | | 电荷 | 自旋 | 质量 |
|---|---|---|---|---|
| 第 1 | $\nu_e$ 中微子 | 0 | 1/2 | <460 eV |
| | e 电子 | −1 | 1/2 | 0.51 MeV |
| 第 2 | $\nu_\mu$ 中微子 | 0 | 1/2 | <0.19 MeV |
| | μ 子 | −1 | 1/2 | 106 MeV |
| 第 3 | $\nu_\tau$ 中微子 | 0 | 1/2 | <18.2 MeV |
| | τ 子 | −1 | 1/2 | 1.78 GeV |

理论上证明，夸克也应有三代，相互是对应的。u 和 d 是第一代夸克，s 和 c 是第二代夸克，b 和 t 是第三代夸克。这三代除了质量一代比一代大，其余物理性质是相同的。世代重复现象是基本粒子中一个明显的规律，很有趣，和门捷列夫化学元素周期表相似，然而为何有此规律，而且只有三代，无第四代，则无法解释。三代六味夸克找齐了，于是，可以把夸克家族按代划分列成三代周期表（表 13–3）。

表 13–3　夸克的三代周期表

| 代 | | 电荷 | 自旋 | 质量 | 色荷 | 反夸克 | 反电荷 |
|---|---|---|---|---|---|---|---|
| 第一 | u 上夸克 | +2/3 | 1/2 | 2.3 MeV | 绿 | $\bar{u}$ 上夸克 | –2/3 |
| | d 下夸克 | –1/3 | 1/2 | 4.8 MeV | 绿 | $\bar{d}$ 下夸克 | +1/3 |
| 第二 | c 粲夸克 | +2/3 | 1/2 | 1.27 GeV | 红 | $\bar{c}$ 粲夸克 | –2/3 |
| | s 奇夸克 | –1/3 | 1/2 | 95 MeV | 红 | $\bar{s}$ 奇夸克 | +1/3 |
| 第三 | t 顶夸克 | +2/3 | 1/2 | 73.2 GeV | 兰 | $\bar{t}$ 顶夸克 | –2/3 |
| | b 底夸克 | –1/3 | 1/2 | 4.18 GeV | 兰 | $\bar{b}$ 底夸克 | +1/3 |

至此，三代六味夸克都已发现，夸克模型大功告成，至于它怎样成为标准模型的基石，且听下回分解。

# 第十四回 标准模型包罗万象 粒子世界尽在其中

有一首科学现代诗，题为《标准模型颂》，这样写道：

啊！标准模型，你是科苑的奇葩，人类智慧的结晶，你的光辉思想，如大海的航标灯，沿着你指引的方向，科学航船驶向光明。对微观粒子世界，你描述得最成功，你的研究成果，达到当代科技顶峰，望前程任重道远，物质探微永无止境，为美好未来起航，向着新物理破浪前行。

话说粒子物理学中有个“标准模型”，它是粒子物理中已知的实验发现和理论知识的综合，概括了粒子物理领域目前的状况，标准模型究竟是怎么一回事呢？下面作一粗浅的介绍。

## 一　粒子物理标准模型概述

标准模型是当前描述物质的基本组元及其相互作用的相当成功的理论。标准模型可视为人类关于自然的一个巨大的知识宝库，堪称是二十世纪物理学取得的最重大成就之一。它是从 20 世纪 60 年代起，以夸克模型为结构载体，在弱电统一理论以及量子色动力学（QCD）的基础上逐步建立和发展起来。量子色动力学是描述强相互作用及强子结构的基本理论，夸克模型认为带色的夸克通过交换胶子而结合（胶子是电中性粒子，胶子有八种态），量子色动力学就是描述夸克和胶子之间相互作用的理论。标准模型的奠基人一般认为是格拉肖等人，格拉肖也被称为“粒子物理标准模型之父”，他曾与温伯格、萨拉姆因发展弱电统一理论共同获得 1979 年诺贝尔物理学奖（图 14-1 ~图 14-2）。

下面把三位诺贝尔物理学奖获得者的生平作简单介绍。

格拉肖（S. L. Glashow），世界著名的理论物理学家，1932 年 12 月 5 日生于纽约市，1954 年毕业于康奈尔大学，1958 年在哈佛大学获得博士学位。1958 ~ 1960 年在哥本哈根工作，1966 年在哈佛大学任教，1967 年起任教授。主要研究领域是基本粒子和量子场论。1976 年获奥本海默奖，1979 年与温伯格、萨拉姆共同获得诺贝尔物理学奖。三人当中，格拉肖最先从事弱电统一理论的研究，有“粒子物理标准

格拉肖

萨拉姆

温伯格

图 14-1　1979 年诺贝尔物理学奖获得者

图 14-2　2005 年格拉肖应邀在中科院高能所做报告

模型之父”的美称。

温伯格（S. Weinberg），1933 年 5 月 3 日生于纽约。毕业于康奈尔大学，后到哥本哈根大学、普林斯顿大学深造，1957 年获博士学位。1969 ~ 1973 年任哈佛大学教授和史密森天体物理实验室的高级科学家，1980 年前往得克萨斯大学任教。主要研究领域是粒子物理学和量子场论，成绩卓越。1978 年出版的科普著作《最初三分钟》，是宇宙学爱好者最喜欢的读物。

萨拉姆（A. Salam），1926 年 1 月 29 日生于巴基斯坦占格小城，自幼聪明好学，14 岁便考上大学，1952 年在英国剑桥大学获博士学位。1954 年在剑桥大学任教，1964 年起兼任位于意大利北部的德里亚斯特国际理论物理中心主任。

书归正传，让我们回到标准模型正题。

标准模型的主要内容包括：第一，物质的基本组成单元是三代带色夸克和三代轻子。第二，这些基本粒子之间作用着强相互作用、电磁相互作用、弱相互作用和引力相互作用，或者称为强力、电磁力、弱力和引力四种基本力。第三，由于引力数值小，在微观世界可以忽略，其他 3 种作用力的媒介场都是规范场。第四，传递强相互作用的是胶子，其自旋为 1，共有 8 种；传递弱相互作用的是中间玻色子 W、$W^-$ 和 $Z^0$，其自旋为 1，共有 3 种；传递电磁相互作用的是光子。

标准模型自建立以来，所预言的许多粒子都被相继找到，迄今为止，几乎所有的实验结果都与理论预期相符。在经历“过五关斩六将”之后，标准模型基本上被大多数物理学家认可。

在标准模型中，为了解释物质质量的来源，还需要一个粒子——希格斯玻色子。自从 1964 年希格斯预言了希格斯粒子以来，为了寻找它，众多科学家进行了坚持不懈的努力。2012 年 7 月 4 日，欧洲核子中心宣布发现了希格斯粒子，希格斯和弗朗索瓦·恩格勒也因此荣获 2013 年诺贝尔物理学奖。希格斯粒子的发现给予标准模型坚强的支持，使标准模型成为粒子物理学迄今最漂亮的理论体系。2012 年发现的“上帝粒子”希格斯玻色子完成了标准模型的最后一块拼图，又一次证明了现代粒子物理学的这一基石的正确性。

人们时常听说标准模型是非常成功和有效的理论，这是因为它几乎描述和预言了人类目前所知微观世界的全部现象。最新、最精确的实验数据，一再地证明了它的正确性，而且已经有多届诺贝尔物理学奖授予与标准模型相关的研究项目。

## 二 标准模型对粒子都有哪些说法

标准模型预言了 62 种基本粒子的存在，并把基本粒子分为夸克、轻子和玻色子三大类（图 14-3）。

第一类是组成物质的粒子，其中夸克 18 种，轻子 6 种（包括电子、μ 子、τ 子三种以及它们对应的电子中微子、μ 子中微子、τ 子中微子三种），加上它们的反粒子共 48 种。它们两两配对，或称为代，每一代都由 2 种夸克和 2 种轻子组成，一代比一代重。质量最小的、也是最稳定的粒子构成第一代，以此类推，质量较大、稳定性较差的粒子构成第二代、第三代。宇宙中所有稳定的物质都是由第一代基本粒子组成的，权且把它们叫作物质粒子。重的粒子很快就会衰变成为稳定的粒子。

第二类是传递相互作用的粒子——玻色子（媒介子），玻色子也属于基本粒子。传递电磁力的有光子，传递弱核力的有 W 玻色子及 Z 玻色子，传递强核力的有 8 种胶子，它们统称为“规范玻色子”，如果算上不在标

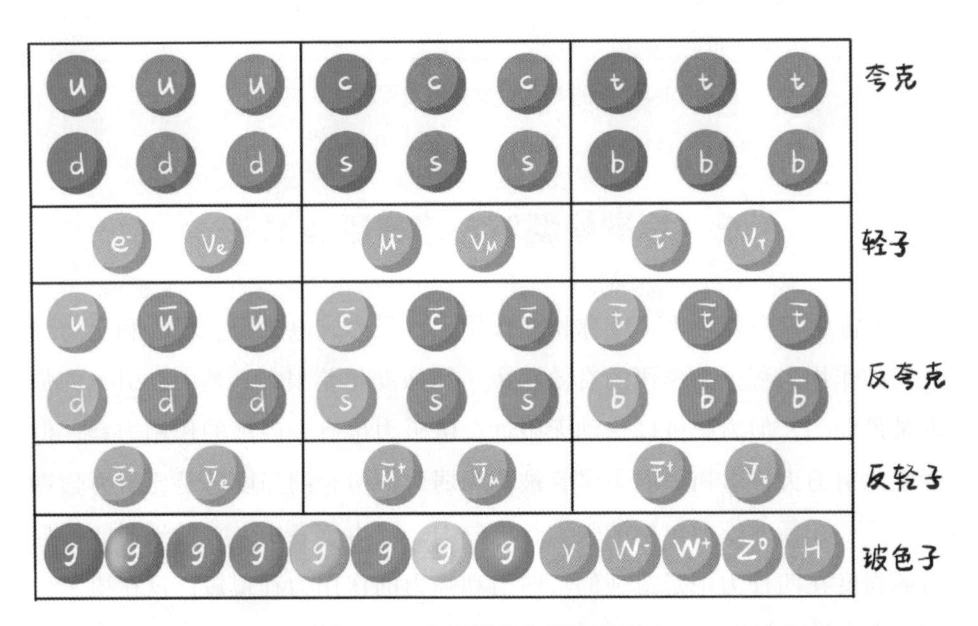


图 14-3 标准模型中的基本粒子

准模型中的传递引力的引力子，共 12 种。

第三类是让基本粒子获得质量的粒子，也就是希格斯玻色子。

标准模型预言并已发现的基本粒子总计 61 种，如果再考虑尚未包括到标准模型中的引力子的话，共 62 种（图 14–4）。

基本粒子

| | 种类 | 世代 | 反粒子 | 色 | 总计 |
|---|---|---|---|---|---|
| 夸克 | 2 | 3 | 成对 | 3 | 36 |
| 轻子 | 2 | 3 | 成对 | 无色 | 12 |
| 胶子 | 1 | 1 | 自身 | 8 | 8 |
| W 粒子 | 1 | 1 | 成对 | 无色 | 2 |
| Z 粒子 | 1 | 1 | 自身 | 无色 | 2 |
| 光子 | 1 | 1 | 自身 | 无色 | 1 |
| 希格斯粒子 | 1 | 1 | 自身 | 无色 | 1 |
| 总计 | | | | | 61 |

图 14–4　标准模型预言并已发现的基本粒子

## 三　标准模型对力都有哪些说法

宇宙中存在四种力（或称相互作用）：强力、电磁力、弱力和引力，它们的作用力程（力作用的有效距离）和强度相差很大。其中，引力的强度是最弱的，但力程可以达到无限远；电磁力也有无限远的作用力程，但强度比引力大许多倍；弱力尽管被称为弱力，但它的强度还是比引力强许多，只是在标准模型包括的强力、电磁力、弱力三者中，它是最弱的；强力的强度在四种力中是最强的。弱力和强力的作用力程很短，仅在质子、中子大小尺度起作用。

三种基本力是通过物质间交换力的传播子——规范玻色子发生作用的，之所以称为“规范”，是因为中介玻色子的拉格朗日函数在规范变换中都不变。物质粒子通过彼此之间交换玻色子来传递能量（图 14–5）。

描述强相互作用的理论是量子色动力学，电磁和弱相互作用可以用量子电动力学和电弱统一理论描述。大统一理论认为还应该存在一种传递引力的引力子，但目前尚未发现。

标准模型还有一些没有深入研究的问题，例如它没有描述引力的作用，关于暗物质和暗能量的问题，它们与标准模型中的粒子有什么关系，等等。这些当代热门问题的探索给标准模型提出了许多新的课题。

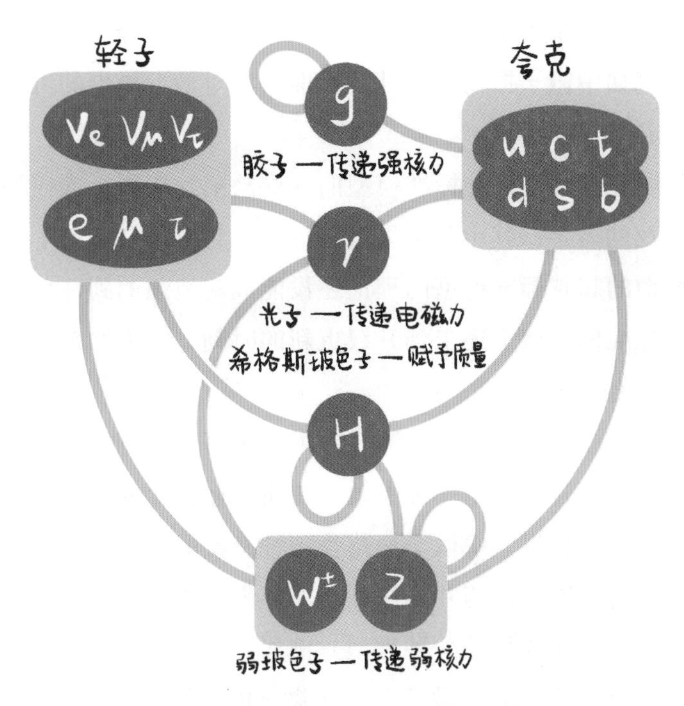


图 14–5　规范玻色子传递的基本力

## 四　瑕不掩瑜

粒子物理学的标准模型，是迄今为止对物质基本组元及其相互作用最为成功的描述，特别是2012年在实验中找到希格斯玻色子后，让这个理论的声誉达到登峰造极的程度。诺贝尔奖得主斯坦伯格说："标准模型就是粒子物理学，但很多问题目前仍无望回答。"的确，目前的粒子物理标准模型并不完备，还不是万有理论，它也有一些小小的瑕疵，例如标准模型无法描述暗物质的存在，也无法描述暗能量是个什么东西。不过，毕竟暗物质和暗能量还没有被正式发现，对标准模型来说，还不太要紧，但是中微子振荡则不然，中微子振荡是目前唯一直接超出标准模型的实验结果。标准模型虽然包含了三味中微子，但它错误地假设中微子的质量为0，而且无法在标准模型框架内确定中微子的质量，更无法解释中微子的许多其他异常现象，例如中微子振荡。此外，标准模型对最近提出的可能存在惰性中微子的假定也一筹莫展。

很多新的理论希望弥补标准模型的这些缺陷，拓展标准模型，它们都有着十分酷炫的名字，其中包括大统一理论、超对称和弦论等。但可惜的是，这些所谓的超越标准模型的理论还没能成功地预测到任何新的实验现象。现在，标准模型似乎还未到升级更新的时刻，它仍然是迄今描述万物（几乎）最完美的理论。

上面说过，标准模型目前无法对中微子振荡进行解释。那么，什么是中微子振荡呢？简言之，是一种中微子在飞行途中变成了另一种中微子，就像川剧里的变脸那样。中微子振荡是一种奇特的量子相干现象，不能以经典理论去理解，这种振荡并不像钟摆那样来回摆动，而是周期性地把一种类型的中微子转化成另外一种类型。例如，一个电子中微子传播一段距离后变成电子中微子、μ 中微子、τ 中微子的叠加，它们之间相互混合转换，就是所谓振荡现象（图14–6）。

中微子振荡发生的前提是中微子必须有静止质量。换句话说，如果能测出中微子振荡现象，即可由此确定相应的中微子静止质量。

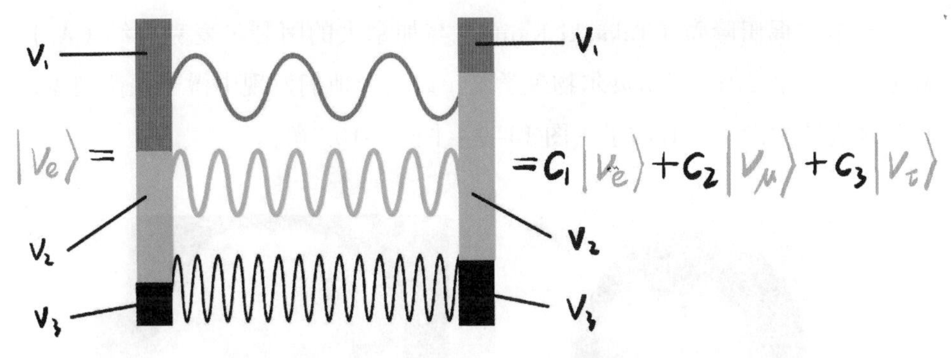


图 14-6 中微子振荡示意图

中微子振荡的现象是20世纪60年代美国科学家戴维斯首次发现的；1998年，由日本物理学家小柴昌俊领导的研究团队在日本超级神冈的实验以确凿的证据证实了中微子振荡的假设。2001年，加拿大的萨德伯里中微子天文台实验证实，丢失的太阳中微子恰好变成了μ子中微子和τ子中微子，而中微子的总数并没有减少。几十年来困扰人们的太阳中微子失踪之谜终于得到解决。因为在探测宇宙中微子方面的贡献，戴维斯和小柴昌俊获得2002年诺贝尔物理学奖（图 14-7 ~ 图 14-8）。

图 14-7 雷蒙德 · 戴维斯

图 14-8 小柴昌俊

日本的梶田隆章（Takaaki Kajita）与加拿大的阿瑟·麦克唐纳（A. B. McDonald）获 2015 年诺贝尔物理学奖，以表彰他们发现中微子振荡现象，该发现表明中微子拥有质量（图 14-9 ~ 图 14-10）。

图 14-9　梶田隆章

图 14-10　阿瑟·麦克唐纳

目前，中微子是粒子物理的一个热点研究领域，很有可能是下一代新物理的突破点，我国在这个领域也处于世界前列。2007 年开始工作的大亚湾中微子实验室，研究距离核反应堆 2 km 处的中微子振荡，首次测量到第一代和第三代之间的振荡。在中国本土完成并取得了巨大成功的大亚湾反应堆反中微子振荡实验，其重要意义就在于它确认了第一代和第三代之间振荡的幅度足够大，这促进了世界上的中微子实验研究的不断发展。

中微子尚有一些谜团未解开，包括它的质量大小、起源、磁矩、混合参数等。同时，对它的研究超出了粒子物理的范畴，是粒子物理、天体物理、宇宙学、地球科学的交叉与热点学科。

上面提到，一些新的理论欲弥补标准模型的某些缺陷，在这些新的理论中，“超对称”（SUSY）是一个比较合理且受欢迎的理论，它基于标准模型，把物质基本组元和传递相互作用力的粒子统一起来，还假设一种可解释暗物质的候选新粒子。只是，超对称理论至今没有得到实验的证实。

话说回来，尽管中微子振荡实验使标准模型为难，但标准模型仍不失为当前最成功的理论，代表了当代粒子物理学，是粒子物理学发展中的里程碑，是一朵光彩夺目的奇葩，是粒子世界里的一块美玉。正所谓“瑕不掩瑜。”

## 五 标准模型示意图

图 14–11 是载于肖恩 · 卡罗尔所著《寻找希格斯粒子》最后一页上的基本粒子家族图（逻辑框图），是现代版的粒子周期表。图的上半部绘的

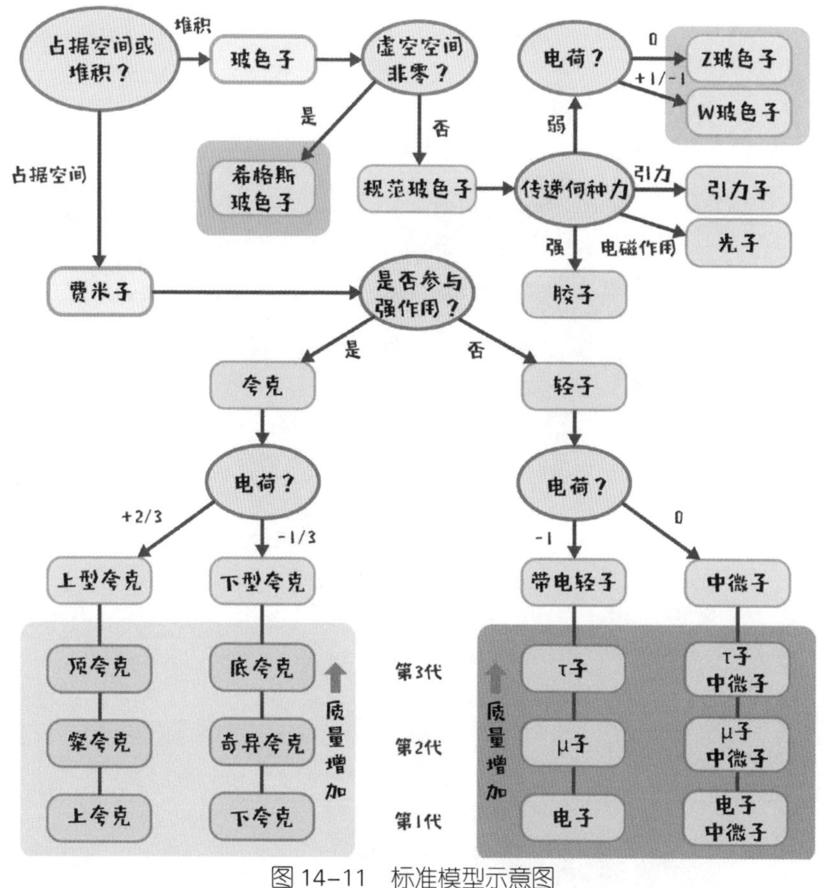


图 14–11　标准模型示意图

是媒介子传播的相互作用力，下半部则是 12 种基本粒子的三代。图中夸克在蓝色框内，轻子在褐色框内，规范玻色子在绿色框内，希格斯粒子在红色框内。向上为质量增加方向。

总之，标准模型内涵丰富，这里无法详细和深入说明，有兴趣的读者请参看专业书籍。这一回只好浅尝辄止。

# 第十五回

# 科学家寻它千百度 上帝粒子终现真容

有一首科学打油诗，诗曰：

神奇希格斯粒子，
理论家已经预言。
为了实验发现它，
人们追踪几十年。
获上帝粒子美名，
这确实名不虚传。
它给粒子以质量，
标准模型更完善。

这首诗说的是希格斯玻色子，本回正是要讲它的发现。

且说上一回，我们介绍了粒子物理的标准模型，其中将已发现的基本粒子分为两类：一类是组成物质的基本粒子，包括夸克、电子、中微子等；另一类是传递物质间相互作用的粒子，如光子、胶子等。但是，这个模型存在一个致命缺陷，那就是无法解释物质质量的来源以及为何有些粒子有质量而有些粒子没有质量（例如光子）。

## 一　希格斯场与希格斯玻色子

为了修补粒子物理学理论缺陷，1964 年希格斯等人提出“希格斯场”理论。希格斯认为，在 137 亿年前的宇宙大爆炸中，形成了一种无形却到处存在的场——希格斯场。基本粒子与希格斯玻色子相互作用时，获得质量，构筑成大千世界，而生成希格斯场的就是希格斯玻色子，又称“上帝粒子”。

“上帝粒子”究竟是虚无还是真实地存在？从它被预言的那日起，就成为粒子物理学界争论不休的话题。

多年来，许多科学家都在寻找这种难觅的重要粒子。说它重要是因为基本粒子的质量都是由希格斯粒子赋予的，可以说，没有希格斯粒子就没有我们当今的世界。再说，希格斯玻色子在标准模型中起着极其微妙而重要的作用，是标准模型粒子周期表的最后一块拼图，也就是说，其他基本粒子都已“封神”，在“封神榜”上各就各位，唯有它是预言中一个未发现的粒子，还没来报到。找到它，弥补上理论的这种缺陷，标准模型就完美了。然而，“上帝粒子”却像传说中的独角兽，各国科学家千回百转都难觅真容，“上帝粒子”一直笼罩着神秘面纱，找到并进而解释它是几十年来全球粒子物理学家的不懈梦想。

寻找希格斯粒子非常不容易，从“标准模型”建立到 2012 年发现希格斯粒子，物理学家们经历了长达 45 年的漫长而艰辛的旅程。为什么发现希格斯粒子如此困难？因为寻找它需要有巨大的能量，而产生超高能量需要世界上最强大的粒子加速器将粒子加速后对撞。希格斯粒子寿命非常短暂，只有亿亿分之一秒，即使在实验中产生了希格斯玻色子，它也会立即衰变成其他粒子。科学家们只能从衰变产生的粒子中寻找希格斯粒子的蛛丝马迹。

其实，希格斯粒子和“上帝”完全沾不上边，“上帝粒子”这种称呼是出版商为吸引读者眼球玩的手法。对于“上帝粒子”这个名称希格斯怎么说呢？2012年7月6日，在爱丁堡大学的新闻发布会上，希格斯在回答相关问题时做了如下的解释：“‘上帝粒子’这个名字与我没有关系，它来自一个玩笑。”希格斯说，多年前有人在撰写关于希格斯玻色子的文章时，由于觉得这种粒子实在太难找到，便开玩笑地将其称为“上帝诅咒的粒子”。但是后来出版商觉得这个名字不太好，就将其改成了“上帝粒子”。他说，科学家们在进行严肃讨论时都不用“上帝粒子”这个名称，但它的确非常吸引普通公众的眼球。所以，“上帝粒子”是对一种新的亚原子粒子——希格斯粒子的风趣称呼。

粒子物理学史上，为希格斯机制的发展做出贡献的有6位著名科学家，从左到右分别是弗朗索瓦·恩格勒、卡尔·哈庚、杰拉德·古拉尼、彼得·希格斯、汤姆·基博尔和罗伯特·布绕特（图15–1）。

图15–1　为希格斯机制的发展做出贡献6位科学家（图片来源：*New Scientist*）

## 二　彼得·希格斯和弗朗索瓦·恩格勒生平简介

尽管希格斯玻色子非常出名，但希格斯本人对世界上的大多数人来说，仍然是个“谜”（图15–2）。彼得·希格斯是英国物理学家，出生在英格兰泰恩河畔纽卡斯尔，他的父亲是英国广播公司的一名声效工程师。上

图 15-2　彼得·希格斯

学时，希格斯就以聪明才智而闻名全校。后来他受到了一位校友的激励，走上了物理学的道路。这位校友就是量子物理的奠基人之一，1933 年的诺贝尔奖得主，保罗·狄拉克（P. A. M. Dirac）。

1960 ~ 1996 年，希格斯曾任爱丁堡大学教授。任教期间，希格斯对质量产生了兴趣，并且产生了一种想法：在宇宙大爆炸刚发生的时候，粒子是没有质量的，但在不到一秒的时间后，它们得到了质量，这是它们在一种场中相互作用的结果。希格斯假定这种场能渗透空间，给每一种和它互动的亚原子微粒以质量。

1964 年，希格斯写了一篇短小的论文，发表在欧洲核心子研究中心办的刊物上。随后他又写了一篇论文投给《物理学通信》，描述一种自己设想的理论模型，就是现在被称为“希格斯机制”的模型，但被编辑退回。之后，希格斯又在其中加了一个章节，然后把自己的论文寄给顶尖物理学刊物《物理学评论》，次年论文发表。差不多在同时，有另外五位科学家也获得相同的结论，分别是弗朗索瓦·恩格勒、罗伯特·布绕特、杰拉德·古拉尼、卡尔·哈庚和汤姆·基博尔。这六位物理学者分别发表的三篇论文，在《物理评论快报》50 周年庆祝文献里被公认为里程碑论文。

希格斯从不喜欢自我吹嘘，非常谦虚，甚至不愿意用自己的名字命名“上帝粒子”。

弗朗索瓦·恩格勒（F. Englert），比利时理论物理学家，布鲁塞尔自由大学终身教授，主要研究领域为统计力学、粒子物理学、宇宙学，在粒子物理学做出重要贡献（图 15-3）。1964 年，恩格勒和罗伯特·布绕特（R. Brout）共同提出希格斯机制与希格斯玻色子理论。

2012 年 7 月 4 日，在欧洲核子研究中心发现希格斯粒子的新闻发布会上，恩格勒和希格斯平生第一次见面的情景（图 15-4）。

图 15-3 弗朗索瓦·恩格勒

图 15-4 恩格勒和希格斯平生第一次见面

## 三 寻找希格斯粒子的漫长而艰辛的征程

搜寻“上帝粒子”是几十年来，全球粒子物理学家的不断追求。在1989 ~ 2000 年之间，科学家们也曾使用同样位于欧洲核子研究中心的另一台加速器 LEP 进行搜寻，可惜由于经费不足被关停。在这之前，美国费米实验室的万亿电子伏特加速器，也进行过对这一神秘粒子的搜寻工作。

寻找“上帝粒子”并非易事，原因之一是它的质量很大，以往使用的粒子对撞机能量还不够大，还不足以把它撞出来，必须建造更大的对撞机以提高对撞能量；原因之二是该粒子非常稀少，每万亿次的质子对撞，才可能撞出一个希格斯玻色子，这就好比在一大堆沙子中找出一颗金沙；第三个原因是，它极不稳定，如果确实存在，它将在碰撞后 10 亿分之一秒的时间内衰变，衰变成光子和强子等其他粒子。因此，要想捕捉到它极不容易。

2000 年，欧洲核子研究中心大型电子—正电子对撞机在 115 吉电子伏特附近窥测到希格斯粒子的可疑迹象，但当时统计数据不足以做出任何确定的结论。至2011年，美国费米实验室试图证实或否定欧洲核子研究中心先前的实验结果，但由于其对撞机的能量不够高而离目标甚远。

始建于20世纪90年代的欧洲大型强子对撞机（LHC），是一个大型国际合作项目，利用原大型正负电子对撞机（LEP）的环形隧道，由34个国家共同出资兴建，中国也是该对撞机的出资者。超过一万名物理学家和工程师参加，中国科学家也参与了发现“上帝粒子”的工作，中国科学院高能物理研究所以及其他许多高校、研究机构，都派出了一流的物理学家和工程师，共同寻找“上帝粒子”。历经10多年，中国的高能物理学家参加了探测器的研制工作和数据分析工作，发挥了重要作用。大型强子对撞机（LHC）在2008年9月开始试运行。

科学家希望借助单束粒子流能量为7万亿电子伏特的世界最高能级对撞机发现“上帝粒子”，但两周之后因冷却液泄漏事故而暂时停机。2009年底，对撞机又重新启动，并从2010年3月开始以3.5万亿电子伏特的质子束流能量一直运行至今。

对于发现上帝粒子，欧洲核子研究中心的大型强子对撞机（LHC）功不可没。

## 四　寻找“上帝粒子”用了什么“利器”

欧洲核子研究中心的大型强子对撞机，是人类有史以来建造的最强大的粒子加速器。它的工作原理是将两束质子流以接近光速的速度迎头相撞，质子所带的高能量能使它们产生出远远比质子重但寿命非常短的粒子，其中也包括希格斯粒子。这些短寿命粒子很快就衰变成实验仪器能探测的强子束、光子、电子和μ子等，探测器感受这些信号后，将其转化为极其庞大的计算机数据，科学家通过分析数据能还原当时产生的各种粒子的能量、动量以及路径，也只有这时才能判断出每个粒子的身份，才能知道对撞到底有没有产生猜测的各种未知粒子（图15-5）。

图 15–5　大型强子对撞机（LHC）内景

大型强子对撞机是一套埋设在法国、瑞士边境地下的环形装置，长度约 16.8 英里（约 27 公里），埋设深度约 330 英尺（约 100 米）。整个对撞系统装备有 9300 块磁铁，并被冷却至 –271.25 摄氏度。这样的条件让大型强子对撞机有能力将质子流加速到光速的 99.99%。这些质子流会经过 6 台不同的探测器，这些探测器会进行不同的实验，其中的“紧凑型 μ 子螺旋形磁谱仪”（CMS）和超导环场探测器（ATLAS）此次共同发现了这一疑似希格斯粒子。

为了找到希格斯粒子，人们一共花费了约 132.5 亿美元，可谓“烧钱”的实验。虽然花费如此巨大，但这项实验对全人类来说都是值得的。

## 五　终于发现了“上帝粒子”

2012 年 7 月 4 日，欧洲核子研究中心的科学家宣布，由 ATLAS 和

CMS 两个实验组发现了一个质量在 125 ~ 126 GeV 范围内的疑似希格斯玻色子（图 15–6 ~ 图 15–8）。6000 多名实验人员参加了这一具有历史意义的工作，两个实验组对在对撞能量为 7 TeV 和 8 TeV 实验中收集的全部数据进行了认真分析，进一步肯定了该粒子的存在。虽然科学家们心中都认为新粒子很可能是“上帝粒子”，但是为了科学的严谨性，至少需要一年时间才能确认结果。尽管如此，欧洲核子研究中心宣布的这个振奋人心的消息，立即引起全世界的轰动，正所谓“举世同欢”。

提出希格斯玻色子理论的希格斯在发布会现场激动得流下了热泪，他表示，“这真的是我生命中最不可思议的奇迹。”而此前曾打赌说找不到希格斯玻色子的霍金，则承认自己输了 100 美元。

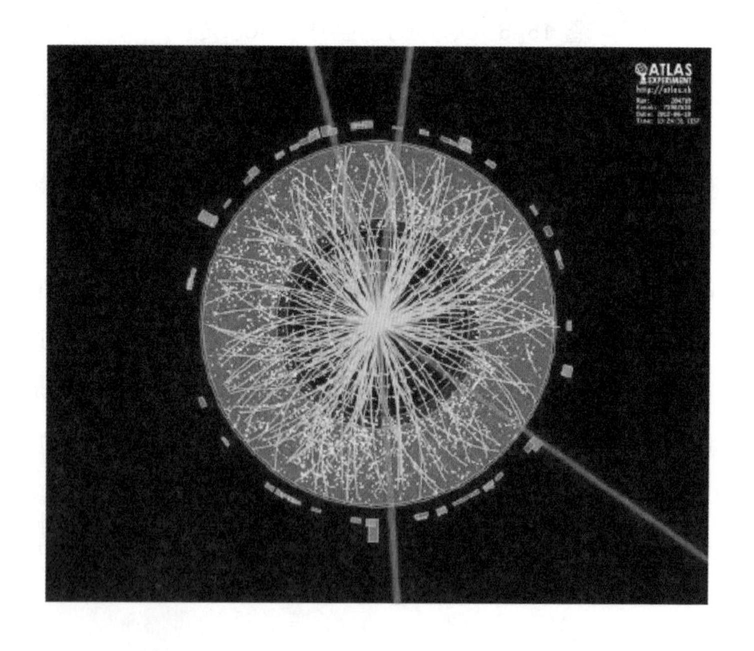


注：图中 4 条直线可能是 μ 子，它们可能是由短寿命并瞬间衰变消失的希格斯粒子产生的

图 15–6　LHC 设备中 ATLAS 探测器得到的图像（图像来源：CERN）

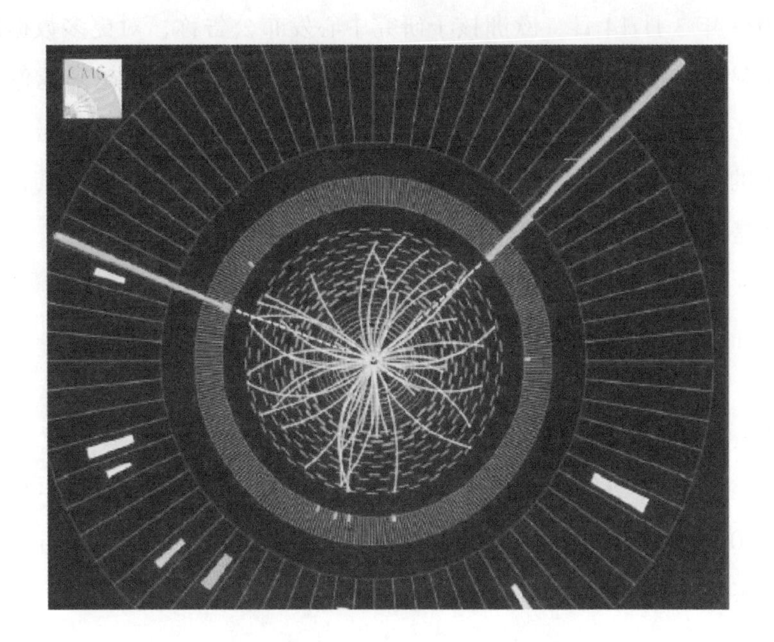


注：希格斯粒子产生后几乎瞬间会衰变成两个光子，它们留下的路径为图中的长直线

图 15–7　CMS 探测器中观察到的图像（图像来源：CERN）

图 15–8　CMS 探测器正在测量两束高能光子的能量（红线标示）

2013年3月14日，欧洲核子研究中心发布公告称，对更多数据的分析后结果显示，该中心去年宣布发现的一种新粒子“看起来越来越像”希格斯玻色子。根据公告，科学家分析了比去年研究多两倍半的数据，计算了新粒子的量子特性以及它与其他粒子之间的相互作用，结果“强有力地表明它就是希格斯玻色子”。这正是：

千呼万唤始出来，犹抱琵琶半遮面。

“上帝粒子”像一个娇羞的姑娘，总是不肯露面。这种神秘感，也许恰是“上帝粒子”的迷人之处。一年以后，2013年诺贝尔物理学奖在瑞典揭晓，80岁的恩格勒和84岁的希格斯因希格斯玻色子的理论预言获奖。正所谓“实至名归”。

## 六　发现“上帝粒子”的重要意义

2012年希格斯玻色子的“发现”，其意义被评价为如同万有引力、进化论、DNA双螺旋结构等的发现。不少科学家认为，这可能是“半个多世纪来最伟大物理学成就”，这一发现可以比肩哥白尼的日心说。也有人认为，对于物理学家来说，这次发现就像哥伦布发现美洲大陆。

有报道称，如果最终能够证实“上帝粒子”的存在并摸清它的特性，将是人类探索宇宙秘密的里程碑事件。霍金表示，希格斯应该就此理论获得诺贝尔奖，2013年这话真的应验了，希格斯果然得到了诺贝尔奖。

有科学家预见：“LHC，在未来20年，除继续引领高能物理本身的研究之外，还将继续带动世界最先进的快电子技术、计算机、探测器、材料科学、低温超导和高速通信等领域的发展，而工业界和科学家为LHC对技术的新需求再次联手开展的新一轮研发，对新技术的开发也有着重要意义。因此作为实验的参与者，中国将获益匪浅。”

希格斯玻色子被发现，这或许将开启物理学的新黄金时代。目前，物理学家普遍认为不排除未来可能会发现其他带电荷的希格斯玻色子。许多物理学家认为："事实上希格斯场是一种更加复杂的理论模型，而这些理论模型预言了应有 5 种不同希格斯玻色子，它们很可能不仅带有电荷，而且质量也不相同。"费米实验室的 Tevatron 粒子加速器的最新研究结果也暗示，希格斯玻色子也许不是一个，而是五个。

希格斯玻色子的发现，也许表明在原来四种基本相互作用之外，存在着第五种和第六种相互作用，即所谓"汤川耦合"和希格斯玻色子相互作用，这些设想需要由粒子物理实验进一步验证。

希格斯玻色子的发现，意味着粒子物理标准模型最后一块拼接板被拼接成功，但并不意味着粒子物理研究的终结，而是开启了粒子物理研究的新纪元。发现"上帝粒子"的征程再一次彰显一个科学真理：理论和实验是相辅相成的，实验是检验理论的唯一标准。正如诺贝尔物理学奖获得者，华裔美国科学家丁肇中所说："实验物理与理论物理密切相关，搞实验没有理论不行，但只停留于理论不去实验，科学是不会前进的。"希格斯玻色子的理论预言提出将近 60 年，直到 2012 年实验上发现希格斯玻色子以后，希格斯才就此理论获得诺贝尔奖，就是明证。

回想寻找希格斯玻色子的漫长而艰巨的路程，好似辛弃疾的一首词里所写的：

众里寻他千百度，

蓦然回首，

那人却在灯火阑珊处。

希格斯玻色子的发现，弥补了标准模型的缺憾，使标准模型更加完整。究竟这种粒子对基本粒子周期表有何影响，且听下回分解。

# 第十六回

# 形形色色的周期表
# 完善创新有待后生

## 一个启发式的观点

打油诗曰：

春夏秋冬是一年，地球自转为一天，事物总有周期性，粒子世界也亦然。

话说一些基本粒子的书都提到过，基本粒子周期表是由基本粒子分类演变而成的，从不同的角度，可编出不同形式的基本粒子周期表。众说纷纭，正所谓“仁者见仁，智者见智”，整理基本物质粒子表（包含夸克和轻子）让科学家花费了不少的精力和时间。

基于基本粒子的分类，将基本粒子按其内禀特性排列，试图从中找出基本粒子的规律性、周期性并预言新的粒子的图或表，都可看作基本粒子周期表。类似于化学元素周期表。

在介绍粒子周期表之前，让我们先温习一下化学元素周期表。

元素周期表是表现元素周期律的元素分类表，元素周期律指的是元素的性质随着元素核电荷数的递增而呈周期性变化的规律。元素周期表根据元素的原子结构和性质，把多种元素按核电荷数（即原子序数）科学有序地排列成表。在元素周期表中，每一种元素均占据一格，对于每一格，均包括原子序数、元素名称，元素符号、相对原子质量等内容。

元素周期律是1869年俄国化学家门捷列夫在仔细研究大量资料和前人工作的基础上提出的，他根据当时已知的63种元素编制成第一张元素周期表（图16-1）。1871年，门捷列夫对前一个元素周期表进行修正，使各族元素化学性质的周期性变化更为清晰（图16-2）。同时，门捷列夫在第一张表中为尚未发现的元素留下的4个空格，在第二张表中则变成了6个，他

图16-1　门捷列夫

**1871门捷列夫（俄）的第二张周期表**

| Group<br>Period | I | II | III | IV | V | VI | VII | VIII |
|---|---|---|---|---|---|---|---|---|
| 1 | H=1 | | | | | | | |
| 2 | Li=7 | Be=9.4 | B=11 | C=12 | N=14 | O=16 | F=19 | |
| 3 | Na=23 | Mg=24 | Al=27.3 | Si=28 | P=31 | S=32 | Cl=35.5 | |
| 4 | K=39 | Ca=40 | ?=44 | Ti=48 | V=51 | Cr=52 | Mn=55 | Fe=56, Co=59<br>Ni=59 |
| 5 | Cu=63 | Zn=65 | ?=68 | ?=72 | As=75 | Se=78 | Br=80 | |
| 6 | Rb=85 | Sr=87 | ?Yt=88 | Zr=72 | Nb=94 | Mo=96 | ?=100 | Ru=104, Rh=104<br>Pd=106 |
| 7 | Ag=108 | Cd=112 | In=113 | Sn=118 | Sb=122 | Te=125 | J=127 | |
| 8 | Cs=133 | Ba=137 | ?Di=138 | ?Ce=140 | | | | |
| 9 | | | | | | | | |
| 10 | | | ?Er=178 | ?La=180 | Ta=182 | W=184 | | Os=195, Ir=197<br>Pt=198 |
| 11 | Au=199 | Hg=200 | Tl=204 | Pb=207 | Bi=208 | | | |
| 12 | | | | Th=231 | | U=240 | | |

图16-2　门捷列夫第二张元素周期表

详细预言尚未发现元素的种种性质，例如被门捷列夫称为类硼、类铝和类硅的 21（钪）、31（镓）和 32（锗）等元素。众所周知，元素周期表是学习和研究化学知识的重要工具，为寻找新元素提供了理论依据。目前人类已发现了 110 余种元素，现代元素周期表比门捷列夫编的周期表丰富、详细多了。

在这一回我们介绍几种常见的基本粒子周期表。

## 一 盖尔曼和奈曼的八重态模型

20 世纪 50 年代末，人们陆续发现一些基本粒子，使物质的微观结构和规律变得复杂了，物理学家们面对着越来越多的基本粒子在想：怎么才能理出一个头绪，把这些基本粒子加以分类和排序呢？于是，物理学家想起门捷列夫发现的化学元素周期表，如果能给这些基本粒子也排出一个类似的周期表，岂不是有助于人们增加对这些基本粒子的认识吗？

受到门捷列夫元素周期表的启发，1961 年，在对基本粒子的研究中，美国物理学家盖尔曼和以色列物理学家奈曼分别独立地提出了“八重态”的分类方法，把当时已发现的 100 多种粒子按其基本性质进行分类，将性质类似的一些粒子看成是同一种粒子的不同多重态，然后分门别类，贴切地排列在规定的表格中，排成美观的对称形式，编成一张张基本粒子的“周期表”。

如何表示粒子的电荷多重态呢？物理学家想出了一个新的量，叫作同位旋 $I$。同位旋多重态，是质量基本相同而电荷不同的一组粒子。如同自旋一样，同位旋 $I$ 也可取各种半整数或者整数值（$I$=0，1/2，1，3/2，…）。为了进一步区别一个同位旋多重态中的不同粒子，还需要引进另一个量，称为同位旋第 3 分量 $I_3$。

物理学家很早以前就把质量相近、性质也相近但荷电不同的粒子看成是一个粒子的不同电荷态，或者用量子数的语言来说，就是它们有同一的总同位旋，但是有不同的同位旋分量。

按基本粒子内禀性质分类的方法，把强子分“族”，每个强子族有相同的自旋 $s$、重子数 $B$、宇称，有不同的电荷 $Q$、同位旋（$I$，$I_3$）、奇异数 $S$ 或超荷 $Y$，对每个多重态建立一个 $Y–I_3$ 相平面图，把已知强子填充到平面的格点。

盖尔曼着手利用一些守恒性质将强子对称地分组，建立了粒子的族系，还引入了类似于元素周期表那样的排列表。

图 16–3 中代表一个八重态，通常叫作幺正八重态。每个八重态中的每一条水平线上的粒子组成一个同位旋多重态，不过，同位旋单态和同位旋三重态重合在一条水平线上。同位旋多重态中的粒子好比是孪生兄弟，幺正八重态好比是一个小家庭，基本粒子大家族就是由这样一些小家庭组成的。八重态揭示了基本粒子在许多性质上存在着的对称性，所以是一种对称图。依据对称图对有关空位做出的预言，后来被实验证明是成立的。

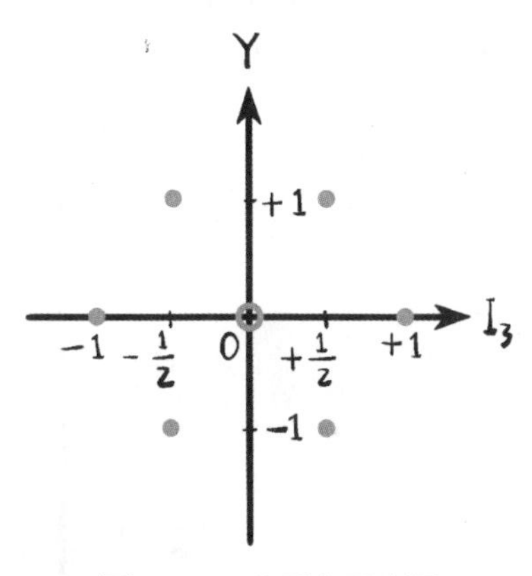

图 16–3　八重态示意图
（·表示粒子）

介子、重子、反重子八重态的简洁表示（$Y–I_3$ 图）如图 16–4 所示，它们是以粒子位置为顶点的六角形。

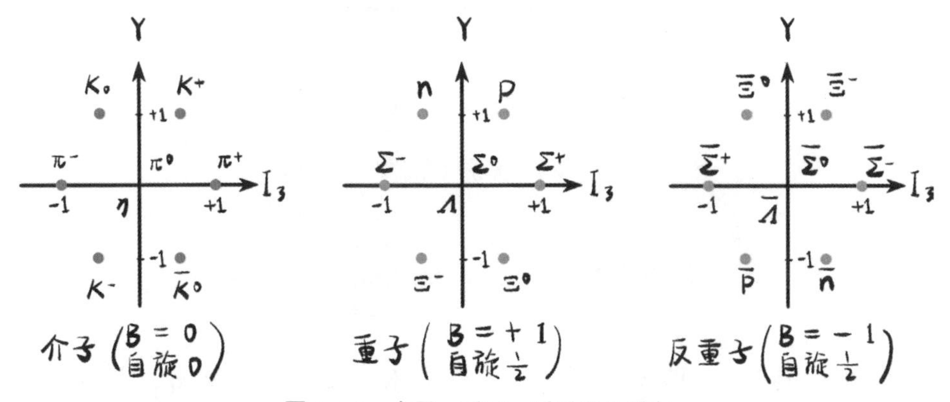

图 16–4　介子、重子、反重子八重态

## （一） 重子的八重态

粒子物理学中常常把寿命长的粒子称为稳定粒子，当时强子中仅有8种稳定的重子和8种稳定的介子。八种稳定重子包括两个核子（p、n）、一个Λ、三个Σ（$\Sigma^-$、$\Sigma^0$、$\Sigma^+$）以及两个Ξ（$\Xi^-$，$\Xi^0$），它们的自旋都是1/2，宇称为正，重子数为1，质量“相差不大”。因此，可将这八个重子归于同一类，并称它们是$(1/2)^+$重子八重态（粒子物理中，粒子自旋J和宇称P以$J^P$形式表示）。

将这八个重子画在以奇异数*S*或超荷*Y*（*Y*=*S*+*B*，*B*=1）为纵坐标、以同位旋第三分量$I_3$为横坐标的图上（图16–5），即$Y$–$I_3$图（也可称为$Y$–$I_3$–$Q$图），如果将同位旋相同而第三分量$I_3$不同的粒子多重态比拟为小家庭，八重态就是一大家庭。大家庭是由若干个小家庭组成的。

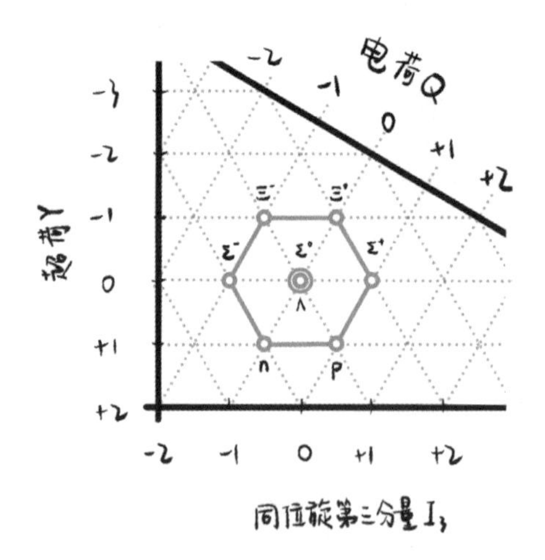


图16–5 $(1/2)^+$重子八重态 Y–$I_3$–Q图

## （二） 稳定介子的八重态

8个稳定介子，即$\pi^-$、$\pi^0$、$\pi^+$、$K^-$、$K^0$、$K^+$、$\overline{K}^0$以及η，它们的自旋都为0，宇称为负，因此称为$0^-$介子八重态（图16–6）。按照同位旋相

同而第三分量 $I_3$ 不同，该八重态也分为四个小族。

强子八重态对称性是一种“幺正对称性”，这种幺正对称性在数学中可用 SU（3）群表示。根据群表示理论，SU（3）态表示，还有单态、三重态、六重态、十重态以及更高维数态的表示。例如，已知的强子中有 9 个短寿命共振态粒子，它们是同位旋四重态 Δ（$\Delta^{++}$、$\Delta^{+}$、$\Delta^{0}$、$\Delta^{-}$）、同位旋三重态 $\Sigma^{*}$（$\Sigma^{*+}$、$\Sigma^{*0}$、$\Sigma^{*-}$）、同位旋双重态 $\Xi^{*}$（$\Xi^{*+}\Xi^{*-}$），这 9 个重子的自旋都是 3/2，宇称为正，它们的质量也差不多，因此归于同一对称性多重态，在强子周期表中它们属于同一族。这 9 个（3/2）* 重子无法用一个八重态表示，只能用十重态表示，并假设还有一个自旋为 3/2、宇称为正的重子，它是同位旋单态，记为 $\Omega^{-}$。如图 16–7 所示，把这十个重子记在 SU（3）十重态坐标图上。

盖尔曼将强子标记在 $Y$–$I_3$ 图上，就像粒子物理学中的一张张周期表，将看起来杂乱无章的强子进行了很有规律的分类，“粒子动物园”变得有序了。这种幺正对称性模型还预言了某些新的粒子，1961 年建立这种对称性分类法时，图 16–7 中的 $\Omega^{-}$ 粒子尚未被发现，但是根据对称性，盖尔曼

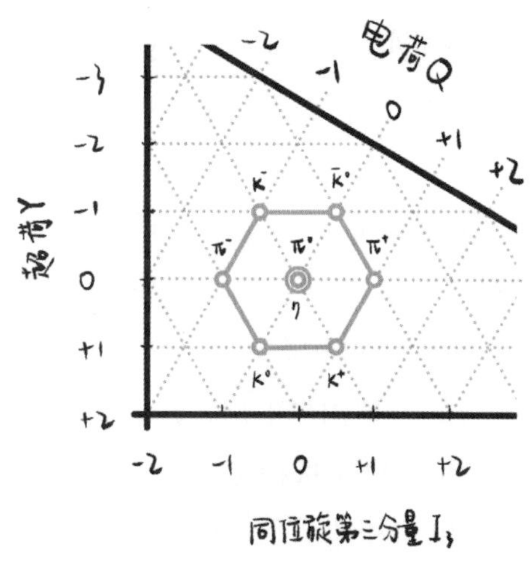


图 16–6　$0^{-}$ 介子八重态 $Y$–$I_3$–$Q$ 图

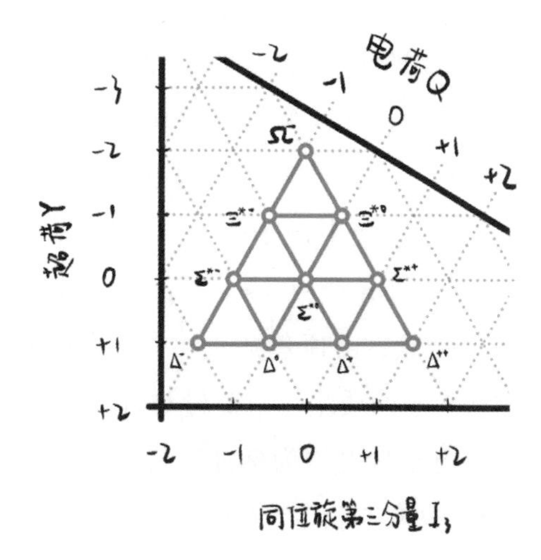


图 16–7　（3/2）* 重子十重态 $Y$–$I_3$–$Q$ 图

认为这个十重态尖端空位上应当有一个粒子，并且预言这个粒子有如下性质：超荷 $Y=-2$，奇异数 $S=-3$，电荷 $Q=-1$，自旋 $s=3/2$，宇称为正。此外，还能估计出该粒子的质量约为 1680 MeV。1963 年，美国布鲁克海文国家实验室在气泡室照片中发现了 $\Omega^-$ 粒子的径迹，证实了盖尔曼的预言。

盖尔曼和奈曼所做的基本粒子的“周期表”工作，与门捷列夫所做的元素周期表的工作相类似。与门捷列夫的化学元素周期表一样，盖尔曼对基本粒子进行分类的基本粒子“周期表”也是进行基本粒子研究的物理学家不可缺少的工具。

当然，这两位科学家的周期表同门捷列夫的周期表相比，并不十分圆满，正如门捷列夫周期表在初期也不尽如人意一样。但随着科技的发展，粒子物理学在不断进步，基本粒子周期表总有一天能同元素周期表相媲美。

## 二　标准模型下的基本粒子周期表

在夸克模型基础上建立起的标准模型，是目前基本粒子物理最成功的理论体系，它包含着目前已发现 61 种基本粒子，包含着 4 类相互作用力，包含着质量数、电荷数等与时空结构的统一描述。标准模型隐含着和周期表相类似的规律性，这些规律性体现在质量、电荷和自旋等方面（图 16–8）。

按照标准模型，物质基本单元由三代夸克和三代轻子组成三代物质家族。第一代物质家族又叫电子家族，由上夸克（u）、下夸克（d）、电子（e）、电子中微子（$\nu_e$）组成；第二代家族又叫 $\mu$ 子家族，由粲夸克（c）、奇异夸克（s）、$\mu$ 子、$\mu$ 中微子（$\nu_\mu$）组成；第三代家族又叫 $\tau$ 子家族，由顶夸克（t）、底夸克（b）、$\tau$ 子、$\tau$ 中微子（$\nu_\tau$）组成。这些粒子的质量、电荷量与自旋列于图 16–8 中方框内左上部，其中电荷量是以电子带电量为标准进行计算的，质量单位是电子伏特（eV）。粒子标准模型中的三代夸克和三代轻子，从它们的电荷和质量中，可发现某种对称性。

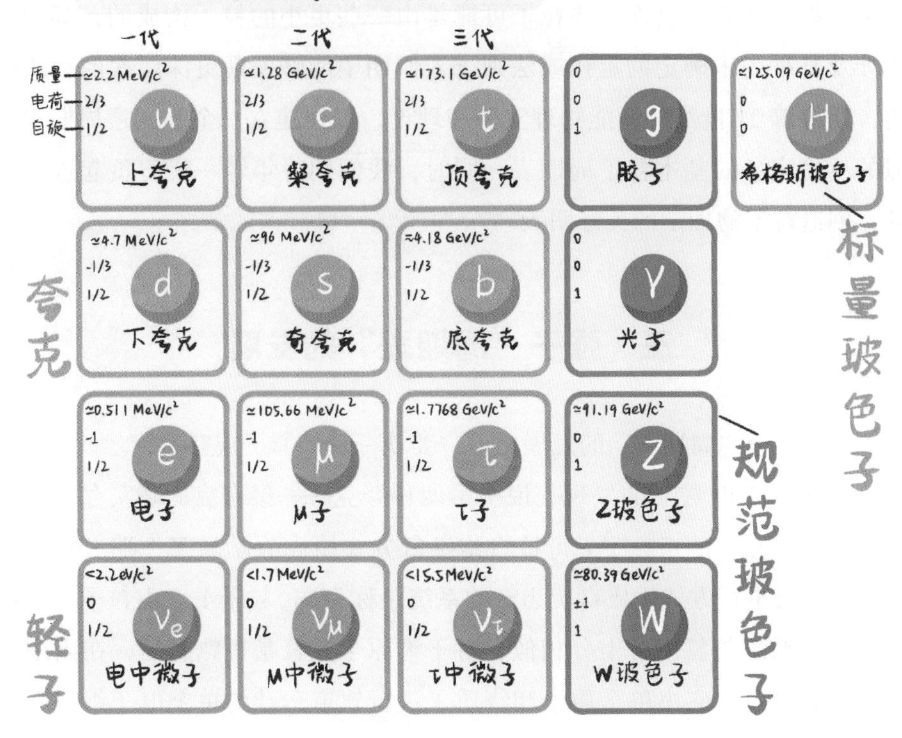


图 16-8 标准模型示意图

物质家族各代之间对应粒子的种种性质，一代一代地重复出现，各代粒子的质量却是一代比一代重，例如电子、μ 子和 τ 子，除了质量不同外，其性质完全相同。三代家族呈现出三代周期性变化。

若干年前，这张基本粒子表还不太完整，有些空位，有几种夸克和轻子还没有被发现。不过，物理学家利用表中所含的规律，最终找到了缺失的粒子。例如，很多年前，物理学家就知道应该有第六种夸克存在，因为表中为这种粒子留下了一个空位，虽然还没有找到它，但物理学家已经确信它的存在，还预测了第六种夸克的质量。20 年后，顶夸克终于被发现了，不过它的质量比人们预测的大很多，致使花了很多年才找到它。

看完标准模型下的基本粒子周期表，我们隐隐感到，这不应该是探讨粒子周期表的终结，似乎这一切背后还可能有别的东西在发挥作用，待人们去发掘、研究。也许这些粒子可能是由一些更小的粒子构成的，其中可能涉及某种尚未确定的定律或法则。人们期望能够发现更深层次的物质结构，期待着21世纪的高能物理实验和理论，以便建立一个和元素周期表类似的、更完备的基本粒子周期表。同时，我们期待年轻一代肩负起这项任务，创造粒子物理学的美好明天。

## 三　强子“周期表”的发展

在讲强子“周期表”的发展之前，要谈一谈粲原子或粲素族。

1974年 $J/\psi$ 粒子的发现，说明第四种夸克——粲夸克c确实存在，而且粲夸克c和它的反粒子 $\bar{c}$ 可按自旋平行方式构成 $J/\psi$ 粒子，那么当然也可按自旋反平行方式构成自旋为0的系统（称为 $\eta_c$ 粒子）。由粒子和反粒子组成的系统与氢原子十分相似，对于氢原子大家是很熟悉的，在高中物理课上就学过，它由单个质子和绕质子进行轨道运动的单个电子组成，氢原子内也有基态和激发态。

对于c系统，可以看成以 $\bar{c}$ 为“原子核”、以c为“电子”构成的一种原子，不妨称为粲原子或粲素。$J/\psi$ 和 $\eta_c$ 是粲原子的两种基态，既然有基态，也就可能有各种激发态。粲原子的每种激发态也都是一种强子。激发态的含义是两个夸克有较高能量的轨道，这些激发态由同样的组元夸克组成，但夸克处于不同的能态。

既然存在粲夸克c及其反粒子 $\bar{c}$，那么粲夸克c就可以和u、d、s普通夸克组成强子，介子是由一对正、反夸克粒子组成的，重子是由三个夸克组成的。例如，c和 $\bar{c}$ 可以组成如下自旋宇称为 $0^-$ 的粲介子：

$$\begin{cases} D^+ = (c\bar{d})\uparrow\downarrow & D^0 = (c\bar{u})\uparrow\downarrow \\ \bar{D}^0 = (u\bar{c})\uparrow\downarrow & D^- = (d\bar{c})\uparrow\downarrow \\ D_s^+ = (c\bar{s})\uparrow\downarrow & D_s^- = (s\bar{c})\uparrow\downarrow \end{cases}$$

也可以组成自旋宇称为 $1^-$ 的粲介子。

$$\begin{cases} D^{*+} = (c\bar{d})\uparrow\uparrow \quad & D^{*0} = (c\bar{u})\uparrow\uparrow \\ \bar{D}^{*0} = (u\bar{c})\uparrow\uparrow \quad & D^{*-} = (d\bar{c})\uparrow\uparrow \\ D_s^{*+} = (c\bar{s})\uparrow\uparrow \quad & D_s^{*-} = (s\bar{c})\uparrow\uparrow \end{cases}$$

图 16–9 为赝标介子和矢量介子的 4 夸克组成。图中，对角线上为中心粒子，右下角为 c 对组成的粲介子 J/ψ 和 $\eta_c$，它们是粲原子（或粲素态）的两种基态，或者称为束缚态。就像普通原子有各种激发态那样，图中的其他粲介子可看作粲原子的激发态。

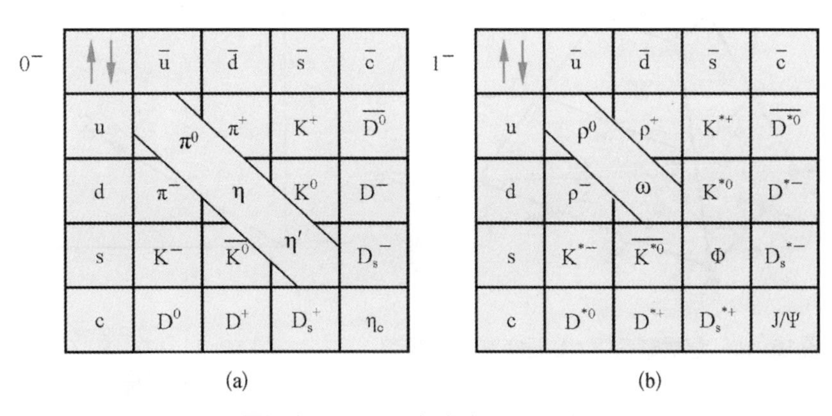


图 16–9 赝标介子（a）和矢量介子（b）的 4 夸克组成

当然，c 和 $\bar{c}$ 可以组成重子，如图 16–10 所示四面体，包括粲夸克 c 以后的重子十重态，图中最下层是粲数为 0 的原有重子，如 Δ，上面各层是粲数不为 0 的粲重子，例如第二层粲数为 1，第三层粲数为 2。这种图也是重子按粲数的分类图。现在，实验上已经发现不少带粲数的强子。由于这些粒子的粲数不为 0，故统称为粲粒子。

既然存在带粲数 C 的粲夸克，且它是构成强子的组分，为了要表示强子的同位旋的 Z 分量 $T_3$、奇异数 $S$ 和粲数 $C$，像八重态那样的平面图形的周期表就不合适了，需要引入立体图形。于是，人们在原来 $T_Z$、$S$ 平面坐标系的基础上再增加一个代表强子粲数 $C$ 的坐标轴，构成一个 $T_Z$、$S$、$C$ 的三维坐标系（图 16–11）。在这个坐标系中，每个强子都有它适当的位置。

图 16–12 是一个去了尖的四面体，它代表另一族重子，各点的坐标和它的符号意义是很清楚的。去了尖的四面体的下层八个重子的自旋是 1/2（一个夸克的自旋和另外两个夸克的自旋方向相反），（uds）可以组成不止一种粒子，也就是说，可以组成两种重子态 $\Lambda$、$\Sigma^0$，它们属于同一个

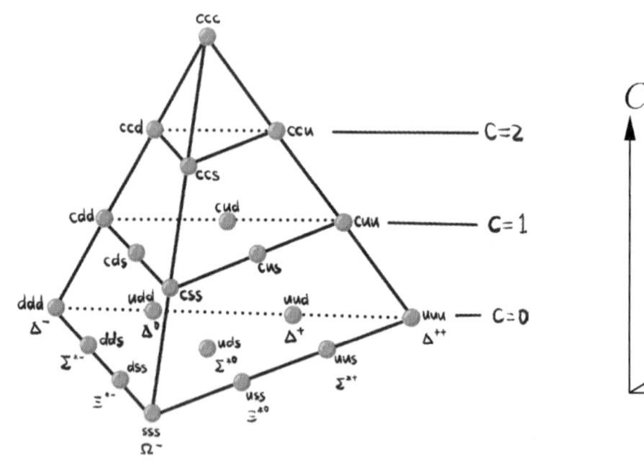


图 16–10　包括粲夸克 c 以后的重子十重态

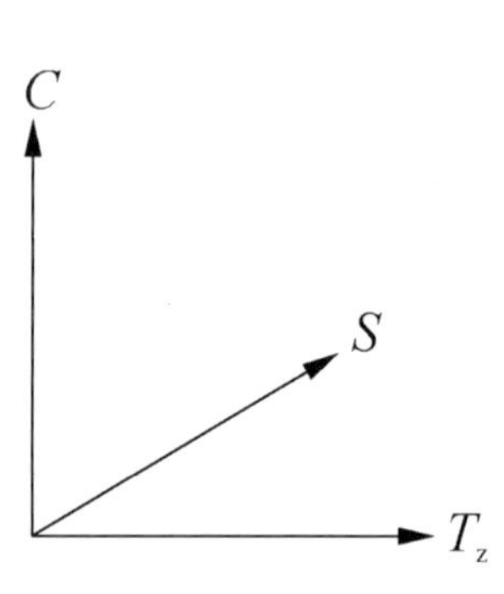


图 16–11　$T_z$、$S$、$C$ 的三维坐标系

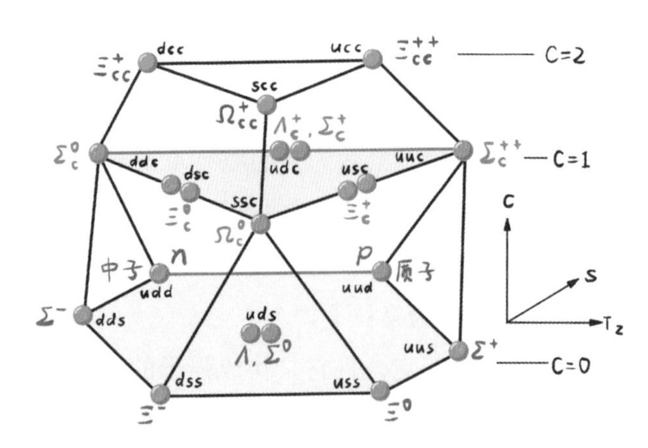


图 16–12　包括粲夸克 c 以后的重子八重态

族；由于对称关系，（cud）、（cus）、（cds），也可在同一族中组成不止一种粒子。

关于强子周期表就先谈这些吧！应该说明，迄今为止有关“基本粒子”的知识仍然是零碎的、片面的，还不足以描绘一个较完善的“周期表”。以上这些强子周期表似乎还有一些缺陷和漏洞，随着高能物理学的不断进展，这个表一定会有很多改进和补充，甚至会有很大的变动。这些问题有待青年一代去探索、发现，相信他们将会揭示微观世界更多的秘密。

# 第十七回

# 狄拉克提出空穴理论 揭开反物质神秘面容

诗曰：

巾帼力顶半边天，不逊须眉勇挑担，华夏女儿多壮志，千行百业功勋建。

上面这首诗颂的是人间半边天，列位读者，你们可知道粒子世界也有半边天？这就是反粒子、反物质。有的读者对反粒子、反物质有点陌生，不知道这是什么神秘的东西，这回书就来谈谈人类是如何探寻反粒子和反物质的。

物理学中的反物质是一种物质形式，小的方面是各种反粒子，大的方面是由微观反粒子组成的反物质。首先，要讲讲反粒子的来龙去脉。

话说 20 世纪 20 年代，物理学界朝气蓬勃，获得了两项巨大成就：一是相对论的发现；二是量子力学的建立，给世界以巨大影响。如何将这两者结合起来，是当时一些物理学家梦寐以求的事情。剑桥大学的理论物理学家狄拉克试图建立一个与狭义相对论一致的量子力学，的确，功夫不负有心人，狄拉克成功地发展了量子力学，提出了一个电子运动的相对论性量子力学方程，即著名的狄拉克方程，从理论上预言了正电子的存在。

狄拉克何许人也？这里介绍一下他的生平简历。

图 17–1 保罗 · 狄拉克

狄拉克（P. A. M. Dirac，1902 ~ 1984 年），20 世纪英国著名理论物理学家，量子力学的奠基人之一（图 17–1）。狄拉克出生于英格兰西南部的布里斯托尔，从小喜爱自然科学，16 岁进入布里斯托尔大学攻读电工专业，毕业前转学数学，毕业后进入剑桥大学圣约翰学院攻读数学物理专业研究生。1925 年，狄拉克开始研究量子力学，于 1926 年在剑桥大学以《量子力学的基本方程》的论文取得博士学位。此后，在导师福勒建议下，狄拉克前往哥本哈根的玻尔研究所做研究。在这段时间，狄拉克发展出了涵盖波动力学与矩阵力学的广义理论，这种方法被称为正则量子化，并引入了新的数学工具——狄拉克 δ 函数。1928 年，狄拉克提出电子的相对论性运动方程（狄拉克方程），奠定了相对论性电动力学的基础，该理论赋予真空以新的物理意义，并预示了正电子的存在。1930 年，狄拉克被选为英国伦敦皇家学会会员，同年出版其重要著作《量子力学原理》。1932 年起，狄拉克任剑桥大学卢卡斯讲座数学教授（牛顿曾任此职）。1933 年，由于在量子力学和反粒子理论研究工作中的贡献，狄拉克获得了诺贝尔物理学奖。此外，狄拉克在 1939 年获颁英国皇家奖章；1952 年获颁科普利奖章以及马克斯 · 普朗克奖章；1973 年获颁功绩勋章，在英国这是极高的荣誉。1935 年，狄拉克曾应邀来中国清华大学讲学。

阿卜杜勒 · 萨拉姆曾这样总结狄拉克一生的重大贡献：“保罗 · 埃卓恩 · 莫里斯 · 狄拉克，毫无疑问是这个世纪或任一个世纪最伟大的物理学家之一。1925 年、1926 年以及 1927 年他做的三个关键性工作，奠定了其一量子物理、其二量子场论、其三基本粒子理论的基础。”有人把狄拉克称作才华横溢却性格古怪而又最特立独行的科学家。的确，狄拉克的性格孤僻，沉默寡言，喜欢安静，也许他相信“静则思”的格言，但是他的文章风格却是言简意赅，没有废话，那真是“惜字如金”啊！

狄拉克淡泊名利，他不贪图金钱财富，为人低调、质朴，害怕出名，为了不出名曾想拒绝诺贝尔奖，拒绝被女王封为骑士。据说，由于狄拉克在物理学上巨大成就，1933 年的诺贝尔物理学奖决定颁发给他，这让腼腆的狄拉克不知所措，因为害怕被盛名所累，打算不去领奖。他的老师卢瑟福告诉他：“如果你这样做，你会更出名，人家更要来麻烦你。”狄拉克这才羞羞答答地走上了诺贝尔奖的领奖台。狄拉克平淡质朴的科学追求以及坚韧执着、直接坦率、无私奉献、醉心于科学的精神，激励无数青年走上了探索物理学的道路。

1984 年，狄拉克在美国佛罗里达州塔拉哈西逝世，埋葬于当地的罗斯兰公墓。1995 年 11 月 13 日，一块铭刻有狄拉克方程的地碑安放在伦敦西敏寺，以纪念这位伟大的物理学家（图 17–2）。

图 17–2　在伦敦西敏寺里刻有狄拉克方程的纪念石板

狄拉克（相对论性电子）方程矩阵形式简单又优美：

$$i\gamma\bar{C}\varphi = m\varphi$$

式中，$m$ 是电子质量；$i$ 是 $\sqrt{-1}$ ；因子 $\gamma$ 表示 $4\times4$ 的矩阵；$\varphi$ 是波函数，有四个分量。这个方程中的所有微分关系，压缩成一个记号 $\partial$ 。

狄拉克方程还可以写成如下形式：

$$i\hbar\frac{\partial\psi(x,t)}{\partial t} = \left(\frac{1}{i}\alpha\cdot\nabla + \beta m\right)\psi(x,t)$$

其中，$m$ 是自旋为 1/2 的粒子的质量；$x$ 与 $t$ 分别是空间和时间的坐标；$\alpha$、$\beta$ 都是四维的矩阵。

狄拉克方程的推出，将量子力学和相对论结合起来，建立起了相对论性量子力学，狄拉克实现了许多物理学家的夙愿。狄拉克方程一方面解释了氢原子光谱，并且从这个方程可自动导出电子的自旋为 1/2；另一方面，狄拉克方程得到一个惊人的结果，在解这个方程时，会发现能量本征值为：

$$E_{+} = \pm\sqrt{c^2p^2 + m^2c^4}$$

其中，$m$ 是粒子的质量；$p$ 为动量；$c$ 为光速。这就是说，狄拉克方程有两种解，有正能解，也有负能解。正能解描述正能量粒子的运动，负能解描述负能量粒子的运动。负能量态的存在意味着物质是不稳定的，因为电子会不断向负能量的状态跃迁而不断辐射能量出来，这是一个近乎荒谬的结论。狄拉克的“电子具有负能态”的说法导致物理解释上遇到的严重困难，即所谓的“负能困难”，人们对负能态一时无法理解。

为了克服负能困难，睿智的狄拉克于 1930 年找到一条出路。他假设负能量状态确实存在，并提出一种新的真空理论，即所谓“空穴理论”。狄拉克认为，真空状态是充满了负能量的电子“海”，因为这些负能状态已经被电子占领，根据泡利不相容原理，正能量的电子无法向这些负能状态跃迁，这就保证了稳定态的存在，所以平常无法见到负能量电子。对于负能态里的电子，只要外界传递给它足够的能量，就会从负能量电子海里跑出来，那里会留下一个带正电的“空穴”，像啤酒里的气泡。这个空位的行为应该类似一个带正电的粒子，这个粒子除了电荷为正，磁矩与电子相反以外，质量、自旋以及其他性质均与电子一模一样，可称为正电子（“正”是指带正电荷）或反电子（这里“反”是指电荷、磁矩等与电子相反）。

负能态导致了反粒子概念的提出，粒子世界的半边天开始进入了科学家的视野。反粒子的预言与发现是现代物理学上的重大进展，极大推动了人们对正、反物质世界的认识与研究。

下面谈谈实验上首次观测到正电子的经过。

1932 年，美国物理学家安德森在云室中拍到了宇宙线产生的正电子的照片，证实了狄拉克的预见。

安德森（C. D. Anderson，1905 ~ 1991 年），美国物理学家，1905 年 9 月 3 日生于美国纽约市，父母是瑞典移民。安德森的大半生是在美国度过的，曾就读于加州理工学院，1930 年获得加州理工学院哲学博士学位，1930 ~ 1933 年是该学院的研究员，1939 年起担任物理学教授直至 1978 年退休，他的整个学术生涯都是在这里度过的。

安德森从事的是 X 射线、γ 射线、宇宙射线和基本粒子物理学方面的研究工作。1932 年，他利用云室在宇宙射线中发现了正电子，并因此荣获 1936 年诺贝尔物理学奖；1933 年，他独立从 γ 光子中发现了产生电子—正电子对的现象；1937 年，安德森和他的合作者内德梅耶发现了 μ 子并测量了它的质量。

图 17–3　C.D. 安德森

1932 年，作为博士后，安德森在密立根的指导下开始研究宇宙射线，他在中国来的赵忠尧隔壁屋子里做宇宙线的实验。安德森当时使用的设备是一台威尔逊云室，带电粒子进入它后，在穿过的地方便形成了一条由雾滴组成的径迹，人的眼睛可以看见，也可以用照相机拍摄下来。为了确定带电粒子的动量，云室配备了一个强磁铁，可以提供 2.4 T 的均匀磁场，带电粒子在磁场的作用下将发生偏转。

1932 年 8 月 2 日，安德森在这一天拍摄到一幅径迹，从示意图上的拐弯半径来看，上小下大，说明是自下而上运动；从拐弯的方向来看，是带正电的；而从径迹长度来看，质量很小（图 17–4 ~ 图 17–5）。安德森从而断定，这是正电子。截至 1933 年 2 月，他总共获得 15 条这样的径迹，因此，他毅然决定发表他的观测结果。1933 年，他的发现就被帕特里克·布莱克特（P. M. S. Blackett）和朱塞佩·奥基亚利尼（G. P. S. Occhialini）所证实。安德森获得诺贝尔奖的时候 31 岁，是最年轻的诺贝尔奖得主之一，当他上台领奖时，颁发者看他如此年轻，误认为是获奖人的儿子，竟然说“叫你爸爸来！”他立即声明：“我就是获奖人！”

其实，在探寻正电子的道路上，还有几位物理学家走到发现正电子的门前，只差一步，与正电子的发现失之交臂，甚为遗憾。在历史上第一个观测到正电子的是中国物理学家赵忠尧。

赵忠尧（1902 ~ 1998 年），浙江诸暨人，1925 年毕业于国立东南大

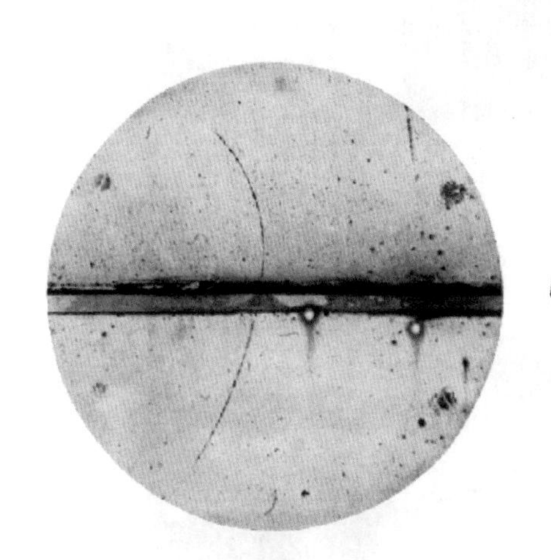

图 17–4　云室中穿过铅板的带电粒子的径迹

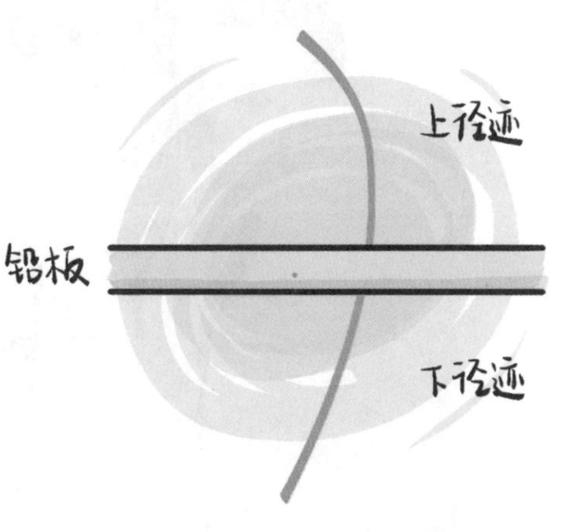


图 17–5　发现正电子的实验照片的示意图

学，后到清华大学工作。1930 年赵忠尧在美国留学，他在美国加州理工学院做实验的时候，发现了 γ 射线通过物质时的“反常吸收”，当时叫作反常吸收现象，即正负电子对湮灭现象，实验观测到正电子。这是在人类历史上第一次观测到正电子。但是由于别人的错误，致使有的物理学家对赵忠尧的实验结果表示怀疑，赵忠尧实在冤枉，遗憾地错失发现正电子的机会。尽管如此，赵忠尧的这些工作被认为是正电子发现的先驱，在他的启发下，两年后他的同学安德森发现了正电子。

再就是小居里夫妇（F. J. 居里、I. J. 居里），他们在安德森发现正电子之前，也已经在云室中见到过正电子（图 17–6）。那时，小居里夫妇正在研究钋—铍所产生的辐射，他们把见到的正电子认为是向辐射源运动的电子，并没有去理会它。小居里夫妇不但和中子的发现失之交臂，也错过了正电子的发现。

正电子被发现的意义是十分深远的，它第一次从实验上证明了反粒子的存在。随后，实验也验证了正负电子对的产生和湮灭，即证实了狄拉克的预见。从此，狄拉克的理论得到人们普遍的理解和接受。

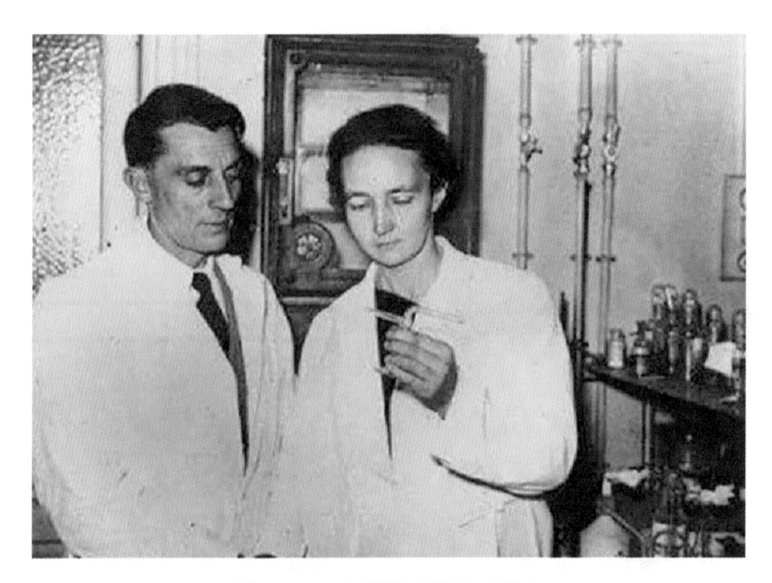

图 17–6　小居里夫妇在实验室

按照狄拉克理论，不仅电子有反电子（正电子），质子、中子也应有反粒子，即反质子、反中子。这些粒子在20世纪50年代中期，相继被欧文·张伯伦（O. Chamberlain）、塞格雷等人发现，他们也因此获得1959年度诺贝尔物理学奖。后来人们知道，一切粒子均有相应的反粒子，时至今日，已经发现的正能量粒子都有反粒子（有的反粒子就是粒子自己，例如光子）。下面，我们将分别介绍反质子和反中子是怎样被发现的。

1955年，美国物理学家塞格雷和张伯伦在高能加速器上获得了反质子，通过实验确定了反质子的存在。

欧文·张伯伦（O. Chamberlain），物理学家，美国加州大学伯克利分校教授，与伯克利同事塞格雷共同发现了反质子等，获得1959年诺贝尔物理学奖得奖（图17–7）。

埃米利奥·吉诺·塞格雷（E. G. Segrè），实验物理学家，犹太人，美国加州大学伯克利分校物理学教授，与张伯伦是同事，因发现反质子和张伯伦共同分享了1959年度诺贝尔物理学奖（图17–8）。

图17–7　欧文·张伯伦

图17–8　埃米利奥·吉诺·塞格雷

在安德森发现正电子以后，人们相信反质子是存在的，一些物理学家在积极寻找存在的确切证据（图 17–9）。到了 20 世纪 50 年代，高能物理的实验技术与设备有了很大的发展，出现了高能加速器、闪烁计数器、切伦科夫计数器和其他的探测技术，为探寻反质子创造了有利条件。

为了寻找反质子，1953 年，美国加州大学伯克利分校的物理学家们建成了一台名为 Bevatron 的高能质子同步稳相加速器，它的能量为 6.2 GeV。张伯伦和塞格雷的实验小组用这台加速器把能量为 6.2 GeV 的质子射在铜靶中的原子核上，产生了反质子，同时还产生了大量其他的粒子，如中子、质子、介子等。然后，他们用磁装置和切伦科夫计数器进行探测，并对反质子“轰击”原子核的过程进行拍照，证明了反质子的存在（图 17–10）。在加速器内，大量高能量的质子轰击铜靶，产物包括核的碎片、反质子以及 π 介子、K 介子和超子等。所有的带负电的粒子束被磁场 $M_1$ 偏转，飞向聚焦磁场 $Q_1$，然后穿过防护层上的狭孔，被闪烁计数器 $S_1$ 记录，接着又穿过聚焦磁场 $Q_2$ 和偏转磁场 $M_2$，被切伦科夫计数器和闪烁计数器记录，从而能够分辨出反质子。

这项实验大约在几十万个粒子中才能产生一个反质子，这差不多需时 15 分钟才能产生一个反质子。要证实反质子的存在是极为困难的：一是从

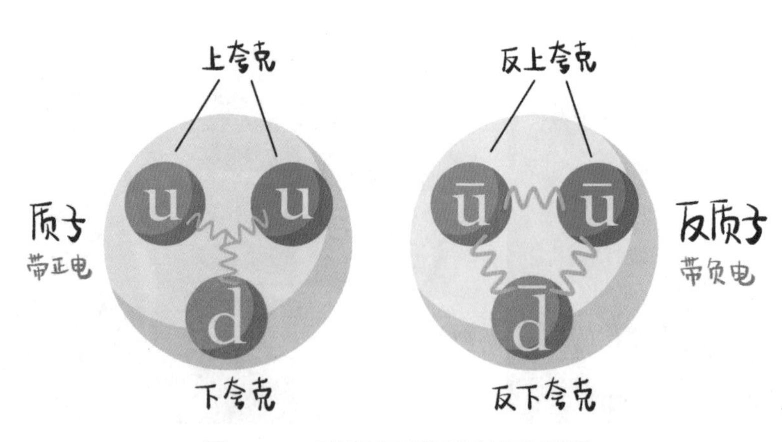


图 17–9　反质子与质子的结构示意图

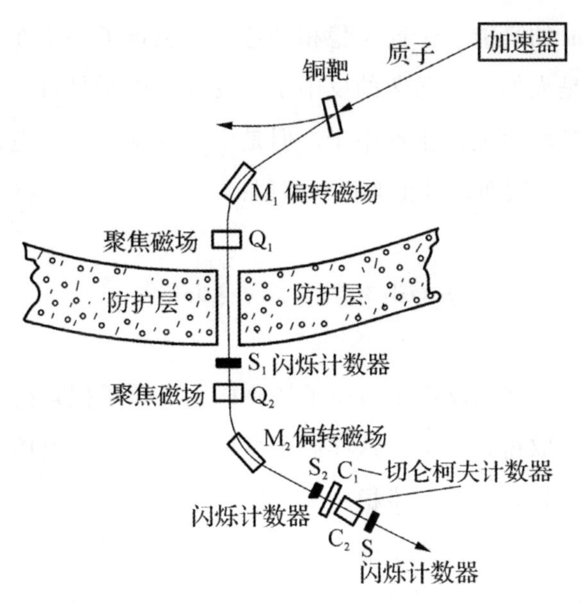


图 17–10 发现反质子的实验装置示意图

这么多种粒子中检测出反质子，需要相当高明的实验技巧；二是由于反质子出现的机会极少，在射出的 30000 个粒子中只有一个反质子，观测需要极大的耐心和细心。1955 年，张伯伦和塞格雷的小组大约得到了 60 个反质子的事件，并在仔细分析后确认了反质子的存在。探索过程中高超的实验技巧是张伯伦和塞格雷成功的关键。

下面谈谈反中子是怎样发现的。

1928 年，狄拉克预言存在反电子与反质子等反粒子，三年半后，安德森发现了正电子，26 年之后，张伯伦和塞格雷发现了反质子。1956 年，科温与莱因斯在核反应堆中检测出反中微子（见第六回，这里不再赘述），这几个重大的发现引发了人们进一步的好奇，于是探寻反中子就成了顺理成章的事情。摆在物理学家面前的问题是到底有没有反中子以及该如何去寻找它们。

1956 年 10 月 3 日，就在反质子被发现的一年之后，美国加州大学伯克利分校的布鲁斯·考克（B. Cork）研究组，用发现反质子的那一套设备，即名为 Bevatron 的高能质子同步稳相加速器，发现了一个新的反粒子，检测证明，这就是人们期待已久的反中子。发现反中子是有一定难度的，尽管高能粒子打靶时也能产生反中子，但是由于反中子不带电，难以从其他粒子中鉴别出来。然而，真正的科学家似：

明知山有虎，偏向虎山行。

考克的思路是利用反质子与原子核碰撞，反质子把自己的负电荷交给质子或由质子处取得正电荷，这样质子变成了中子，而反质子则变成了反中子。他们的实验方案用同步稳相加速器产生的反质子轰击普通质子，反质子中有一小部分与普通质子迎头相撞，发生了湮没现象（质子与反质子转化为介子）；另有一小部分反质子则在普通质子的近旁擦过，这时发生的不是湮没现象，而是反质子失去它的负电荷转变成反中子。

图 17-11 是探测反中子的实验装置示意图，先从加速器（未画出）选出反质子，然后将反质子束入射到作为产生反中子的靶的液体闪烁计数

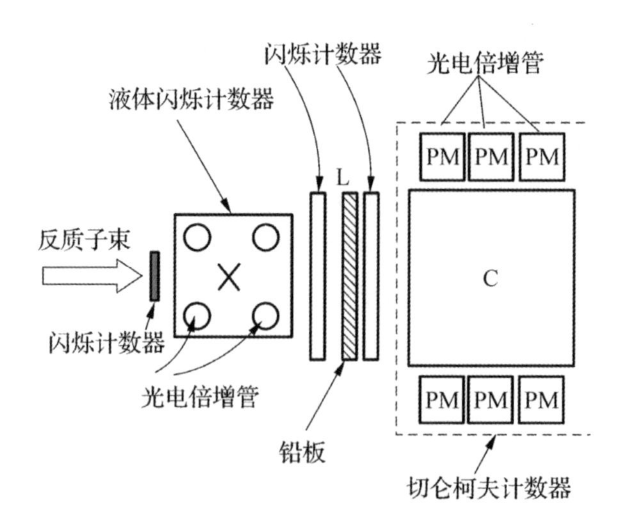


图 17-11　探测反中子的实验装置示意图

器 X 中，在这里面一部分反质子和质子湮没了，但也有极少反质子（大约 0.3%）将其电荷给予质子，而自己变成了反中子；所产生的反中子进入一个铅玻璃做成的切伦科夫计数器 C，在计数器 C 内，反中子与普通的中子发生湮灭，放出很大的能量，在实验上通过这种特征信号来确证记录到了反中子。实验中的 γ 射线是本底，需要排除掉，二铅板（L）的作用就是把从靶来的 γ 射线和反中子区别开来，以便除去 γ 射线本底。

理论研究发现，中子与反中子的反复交替变化，将形成中子与反中子振荡，这是未来粒子物理学研究的重要方向，反中子研究已经成为现代物理的发展前沿。

迄今已发现许多反粒子，它们构成了粒子世界的半边天。反粒子有些性质与粒子完全一样，例如它们的质量严格相等，寿命完全相同；然而有些性质，反粒子与粒子正好相反，例如反质子与质子的电荷相反，电子与正电子的电荷相反。中子虽然不带电，但有其内部电磁结构，反中子的内部电磁结构与中子相反，因此，中子的磁矩与其自旋反向，而反中子的磁矩与其自旋同向。

反粒子最突出特点是会与粒子发生湮没，释放出高能光子或伽马射线（图 17–12）。发现反粒子的意义在于其证明了反物质的存在，在粒子物理学里，反物质是反粒子概念的延伸，反物质是由反粒子构成的，就像普通物质是由普通粒子所构成一样。物质与反物质的结合，会如同粒子与反粒子结合一般，导致两者湮灭，并放出巨大能量。

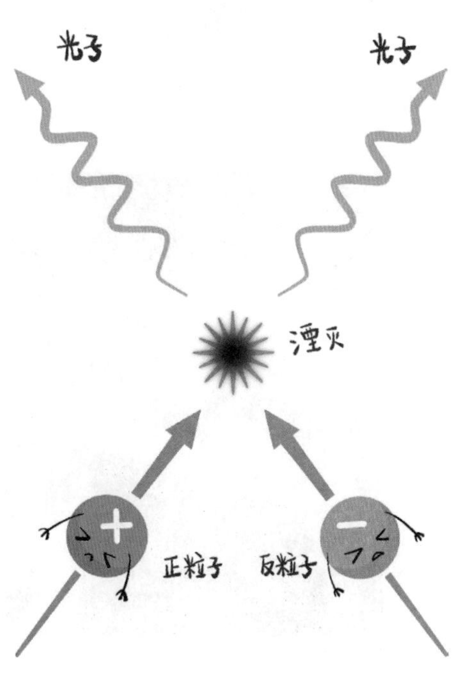

图 17–12　正、反粒子发生湮没示意图

按照物理学家的观点，宇宙诞

生之初曾经产生等量的正物质和反物质，但是当今世界却是由正物质组成，反物质似乎不存在于自然界。原因在于，反物质粒子一旦产生并遇到对应的物质粒子，就会被湮灭掉，湮灭的正、反物质放出高能的双光子。

既然知道反物质存在，理所当然，科学家会通过各种方法去寻找反物质，并且希望把反物质人为地“制造”出来。“制造”反物质并不容易，但也并非不可能，其实目前物理学家们已经能够在实验中“制造”反物质用于研究了，下面举几个例子。

1965 年，在欧洲核子研究中心的意大利核物理学家安东尼奥·齐基基（A. Ztchichi）合成了第一个反核——一个反质子和一个反中子组成的反氘核（图 17-13）。反核可以像原子核一样牢固地结合起来。

1979 年，美国科学家在星际空间中测出反物质流，如果能够捕获这些反物质流，利用反质子与质子相遇时湮灭释放的巨大能量，将用反物质作为未来太空飞船的驱动燃料成为可能。

图 17-13　安东尼奥·齐基基

1995 年，德国尤里希物理研究所（FZJ）的物理学家沃尔特·奥勒特（Walter Oelert）小组在欧洲核子研究中心的低能反质子环上第一次制造出了反氢原子，它由一个反质子与一个正电子组成，是氢原子的镜像结构（图 17–14）。当反质子轰击氙元素时，就会产生正负电子对，而正电子被反质子俘获时，便形成了反氢原子。这一消息在 1996 年初，一经披露立即引起了世界性的轰动。

不过，这几个反氢原子存在的时间短得可怜，只有一亿分之四秒，可见获得反物质很难，保存它更难。因为人工制造的反物质，一旦遇到物质粒子（例如容器壁），就会被湮灭掉。

1998 年的夏天，美国宇航局把阿尔法磁谱仪 1（AMS–01）送上了太空，其作用之一就是探测宇宙空间的反物质。2000 年 8 月，欧洲核子研究中心宣布他们建造的反质子减速器已经投入使用，这一“反物质工厂”将帮助科学家进一步探索反物质之谜，揭示宇宙诞生和演化以及物质世界构成等奥秘。2010 年，欧洲核子研究中心再次宣布，在制造出数个反氢原子后，借助特殊的磁场，首次成功地使其存在了“较长时间”——约 0.17 秒。这个消息不但对于物理学界，对于整个世界来说都是振奋人心的。2011 年，丁肇中主持的国际探测反物质研究团队，欲把阿尔法磁谱仪 2（AMS–02）送上太空，该仪器多个部件由我国设计制造，是目前最先进的粒子物理传感仪。

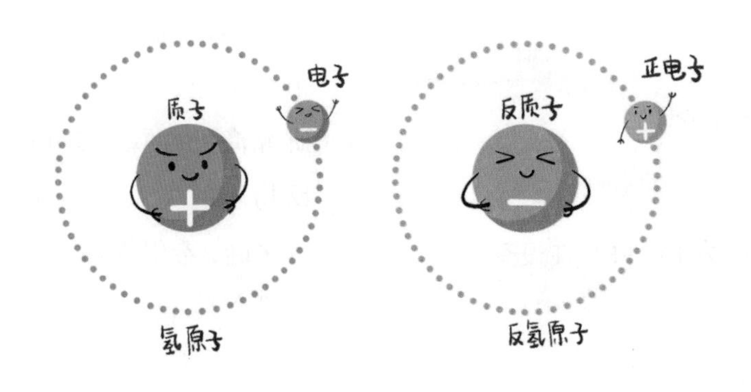


图 17–14 氢原子与反氢原子示意图

有的读者会问：制造反物质困难，保存亦难，而且耗资巨大，研究反物质是不是得不偿失？回答是："非也"，虽然科学家发现和制造的反物质粒子不多，但它们潜在的用途备受关注。

目前可预测的一个应用是用作燃料，即反物质可能成为清洁的超级能源。因为物质与反物质相遇会释放出能量，而且其能量释放率甚至要高于氢弹爆炸，所以可以作为星际航行火箭的超级燃料。这样巨大的能量，军事专家和能源专家会感兴趣，他们或许会想办法加以利用。此外，反物质也可以用于诊病治病，还可以用于工业材料的无损探伤。事实上低能正电子已经有许多实际应用了，例如用发射正电子的同位素作为人体内部的"示踪剂"，可以诊断一些疾病，这就是所谓的"正电子发射断层显像"技术（Positron Emission Tomography，PET），是核医学领域比较先进的临床检查影像技术。1961 年，詹姆斯·罗伯逊（J. Robertson）等人，在美国布鲁克海文国家实验室制成了世界第一台正电子单板扫描仪，后来 PET 与 CT 有机结合，形成 PET/CT 一体化设备，同时具有 PET 和 CT 两者的功能，使显像更清晰、准确性更高，更易于对病变的定位与诊断（图 17–15）。

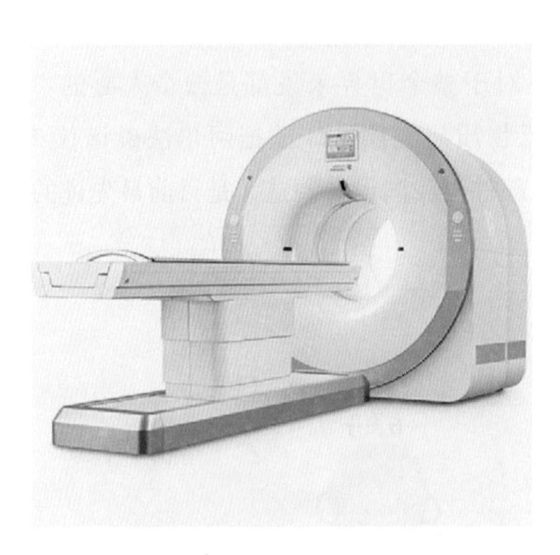

图 17–15　PET/CT 设备

这回书说到这里，有关反物质的介绍就要结束了，虽然自人类发现反粒子迄今已有大半个世纪，但当前对反物质的研究尚处在探索阶段，物质与反物质的关系上还存在许多待解之谜，希望年青一代去破解、去研究。

# 第十八回

# 我国高能后来居上 凝心聚力磨砺前行

[减字木兰花] 颂中国科学家

立志登攀，高能物理猛攻关。自力更生，壮志征程树伟功。

任重道远，将青春热血奉献。勇毅前行，再铸辉煌世界惊。

这首词颂扬我国高能物理学家呕心沥血、奋发图强、将身许国的钻研精神。这回书单表我国科学家在高能物理研究上取得的主要成果。回顾我国在这个领域的发展历史，令人振奋，仅仅40年时间，我国的高能物理发展已经实现自主创新，从而跻身于世界先进行列。

话说在粒子物理学（即高能物理学）的发展中，我国科学家曾经做出过卓越的贡献。诺贝尔物理学奖得主丁肇中说："中国在高能物理方面的成就和贡献是世界第一流的，中国的高能物理研究无论理论还是实验在世界上也是先进的。"我们为之自豪。在第一回里，我们介绍了美籍华裔科学家以及老一辈中国物理学家在粒子物理学领域取得的出色成果，这里不再重复，这回书主要介绍新中国成立后国内科技界取得的举世瞩目的成就。

## 一　北京正负电子对撞机

粒子物理实验研究的首要任务是加速器和探测仪器的研制，我国在改革开放后粒子物理实验方面做的第一件大事是建造北京正负电子对撞机（BEPC），此事值得大书特书。

北京正负电子对撞机于1984年10月动工，1988年10月竣工，1990年10月投入运行，由直线注入器、储存环、北京谱仪和北京同步辐射装置组成（图18–1）。

北京正负电子对撞机的外形像一只硕大的羽毛球拍，圆形的球拍是周长240米的储存环，球拍的把柄就是全长202米的行波直线加速器（图18–2）。

BEPCII储存环

北京谱仪III

北京同步辐射装置

图18–1　储存环、北京谱仪和北京同步辐射装置

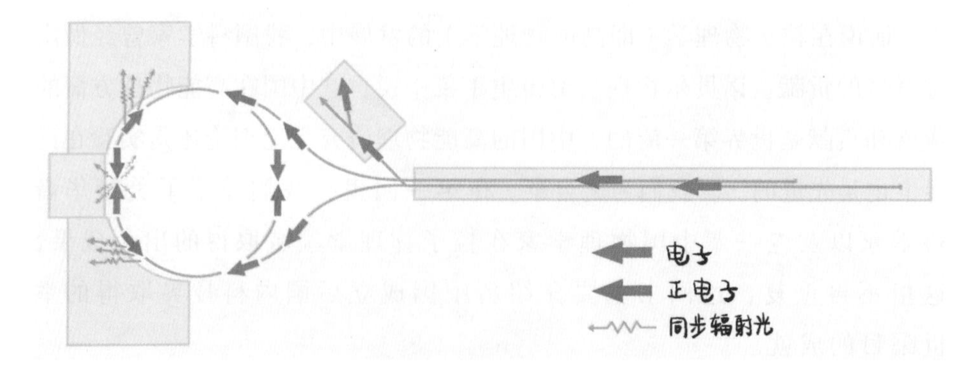


图18–2　北京正负电子对撞机的外形

由电子枪产生的电子和电子打靶产生的正电子在加速器里被加速到15亿电子伏特，然后输入到储存环。正负电子在储存环里，以接近光的速度相向运动，回旋、加速，并以每秒125万次不间断地进行对撞。不过，有价值的对撞每秒只有几次。有着数万个数据通道的北京谱仪，犹如几万只眼睛，实时观测对撞产生的次级粒子，将所有数据自行传输到计算机中。通过对这些数据的处理和分析，工作人员进一步认识了粒子的性质，从而揭示微观世界的奥秘。

BEPC取得一批在国际高能物理界有重要影响的研究成果，例如对J/ψ粒子共振参数的精确测量、发现若干可能的新粒子等，特别是在粲物理[1]实验研究方面处于国际领先地位，得到一批重要的研究成果，在世界高能物理占领了一席之地。近年来，BEPC的综合性能大幅度提高，日获取事例数增加了3 ~ 4倍，受到国际高能物理界高度关注和评价。

依托BEPC的北京同步辐射装置，物理学家们建成了我国主要的广谱同步光源，已向社会开放，成为交叉前沿大型研究的平台，每年全国有100多个用户单位进行300多项实验，获得了大批重要成果。

利用高能加速器的粒子物理实验推动了其他高科技的发展，包括高性能计算机、网络、网格计算、超导技术等。以先进加速器技术为基础的同步辐射、散裂中子源、自由电子激光等大型研究平台成了前沿科研的手段。

## 二　非加速器高能物理实验

在非加速器高能物理实验方面，中国科学院开展了宇宙线粒子物理研究。我国在宇宙线观测领域本来就有较好的基础，取得了许多重要成果。

自20世纪50年代开始，中国科学院利用国内优势开辟了另一条低成

1　粲物理，顾名思义就是有关含粲夸克强子的物理。粲物理是高能物理的一个重要领域——关于粲夸克偶素和粲粒子物理的基础理论和实验的研究。一对粲夸克和反粲夸克可以组成一个被称作粲偶素的介子家族。

本的研究路线：高海拔宇宙线研究。从云南、西藏到四川，研究宇宙线的能谱、成分、起源和加速机制，研究伽马射线天文，寻找暗物质粒子，逐渐形成了自己的方向与特色。

1972 年，中科院高能物理研究所在云南高山宇宙线云室观察到了可能的未知中性重粒子；1977 年，在海拔 5500 米的西藏岗巴拉山建立了大规模的乳胶室阵列；1990 年，在海拔 4300 米的西藏羊八井建立了国际宇宙线观测站（图 18-3）。后来，中科院高能物理研究所又分别与意大利和日本科学家合作，建立了先进的大型宇宙线探测器（中意 YBJ-ARGO 实验与中日 AS $\gamma$ 实验），并取得了一批重要观测结果。可见，近年来我国在非加速器物理实验装置建造方面硕果累累，正所谓：

中华儿女多奇志，敢教日月换新天。

图 18-3　羊八井国际宇宙观测站

大亚湾反应堆中微子实验是以我国为主、在我国开展的大型国际合作，是国际上最好的反应堆中微子实验室之一（图 18–4）。这个实验于 2007 年 10 月动工，2011 年底远、近点探测器全部投入运行。2012 年 3 月 8 日，大亚湾反应堆中微子实验国际合作组宣布发现了一种新的中微子振荡，这一成果是基础科学一项重大成就，决定了未来中微子物理实验发展的方向。2020 年 12 月 12 日，历经 4 年酝酿、4 年建设、9 年运行取数的大亚湾反应堆中微子实验装置完成科学使命，正式退役。

图 18–4　大亚湾反应堆中微子实验探测器及大亚湾地理位置
（据中国科学院高能物理研究所）

在非加速器高能实验物理方面，近年来新的重大计划是江门中微子实验和大型高海拔大气簇射观测站“拉索”（LHAASO）的建设，建成后有望使我国在宇宙线和中微子研究方面达到国际领先水平。江门中微子实验是中国主持的第二个大型中微子实验，实验室位于广东省江门市附近，目标是利用反应堆中微子振荡确定中微子质量顺序，这对高能物理的研究具有重大意义。“拉索”观测站是我国自主研发的，目标是捕捉宇宙中飞来的高能粒子，2017 年 11 月动工，2021 年 7 月完成全阵列建设并投入运行，在本书第二回中已做介绍，这里不再重复。

## 三　层子模型

层子模型是中国物理学家于 1965 年提出的，用以解释基本粒子（主要是强子）的结构及有关性质，在“层子”这一概念的基础上，提出了物质存在无限多层次的科学假说。正如分子、原子、原子核是物质的不同层次一样，基本粒子也是这无限多层次中的一层。

1965 年 8 月，在钱三强的组织下，由中科院原子能所基本粒子理论组、北京大学理论物理研究室基本粒子理论组、中科院数学所理论物理研究室与中国科学技术大学近代物理系四个单位联合组成“北京基本粒子理论组”。经过不到一年时间，在国内粒子物理学老前辈张宗燧、胡宁和朱洪元等人带领下，通过几十位中国物理学家的不懈努力和积极探索，“北京基本粒子理论组”发表了 42 篇研究论文，提出了强子结构的理论模型，后称为“层子模型”（图 18–5）。

层子模型的建立是国内物理学家进行的一项具有特色的研究工作，它体现了中国科技界对粒子物理学国际前沿领域的积极探索，是关于物质基本结构和运动规律的理论成果。虽然由于种种原因，这一工作未能融入世界学术主流之中，未被国际认可，但在当时仍旧产生了重要影响，也为此后我国高能物理理论的发展奠定重要基础。

图 18-5　我国粒子物理学家张宗燧、胡宁和朱洪元（自左至右）

## 四　高能理论研究的新高潮：规范场理论研究

“规范场理论”是基于对称变换可以局部也可以全局施行这一思想的物理理论，“规范”表达的是系统具有某种内在的对称性。规范场理论的目标是建立一个完美的微观粒子标准模型。

我国高能物理学界对规范场理论的研究始于 1972 年，1978 年广州规范场讨论会对规范场理论的研究进行了总结，同时也将规范场理论在我国的发展推向高潮。经过北京、广州、西安、兰州等地学者的努力，规范场理论研究在我国得到迅速发展，我国高能物理的理论研究在这一阶段已经趋于成熟。

科学不断发展，研究未有穷期。为探索物质奥秘并造福人类，我国科学家将在高能物理探索和不断认识微观世界的跋涉中拼搏奋进。

正如诗云：

基本粒子奥妙深，物理学家苦探寻。
科技创新无止境，砥砺前行永奋进。

# 结束语

在完成这本书稿的时候，掩卷沉思，我感到还有些话要说。首先，回顾一下本书涉及的粒子物理的主要内容。

人类在探索自然奥秘的过程中，一个重要的基本问题是探索物质微观结构的规律。粒子物理（又称高能物理），是研究物质深层次的微观结构和基本相互作用及运动规律的学科。

早期的粒子是在原子物理学和原子核物理学发展过程中被发现的，这一过程从 1897 年起，一直延续到 20 世纪 40 年代。这一时期发现的有电子、光子、质子、中子、$\pi$ 介子等，那时将他们统称为“基本粒子”，它们是比原子核更深一层次上的物质存在形式。除电子、质子和中子外，早期发现的一些基本粒子大多是先有理论预言，而后被实验证实的。1932 年发现正电子，似乎可以看作粒子物理学作为独立学科的开始。此后，由于回旋加速器和核乳胶的发明，相继发现了一大批基本粒子。到了 20 世纪 40 年代末、50 年代初，发现了一大批奇异粒子；20 世纪 50 年代末、60 年代初，利用当时已很先进的实验手段，又发现了一大批共振态粒子，使粒子总数猛增到 300 多种，于是出现了粒子物理学发展的高潮。

粒子物理学在 20 世纪 60 年代取得了两个突破性进展：一是强子结构理论的建立。60 年代以前，粒子物理学研究的主要是场和粒子的性质、运动、相互作用、相互转化规律；60 年代中，高能物理实验的进展给出了强子有内部结构的直接证据，从理论上建立了强子结构理论。另一个，是电磁相互作用和弱相互作用统一理论的成功。

20 世纪粒子物理实验和理论均指出：称为“强子”的粒子具有内部结

构，组成强子的基础粒子称为“夸克”，由此人们认识到原来那些所谓的“基本粒子”并不“基本”，所以早年用的“基本粒子”一词，已被“粒子”取代。

1961年，盖尔曼等人提出强子分类的八重法，绘出了八重态图，可以看作一类粒子周期表，就像元素周期表那样，八重法分类准确地预言了一些新的粒子。

20世纪后半叶，粒子物理学的研究有重大进展，这些进展导致粒子物理学标准模型的建立。自从盖尔曼等人提出夸克的设想后，高能物理的发展不仅发现了夸克家族，还揭示了夸克—轻子这一层次的物理性质和规律，并对粒子进行重新分类，编制了基本粒子周期表。与此同时，人们对基本相互作用的认识有突破性的发展，发现在粒子之间存在四种基本相互作用：强作用、电磁作用、弱作用和引力作用。这些作用具有非常不同的基本性质和基本规律。按照标准模型，所有基本粒子的相互作用都是通过规范场来传播的。传播基本相互作用的规范场粒子叫作媒介子或中间玻色子。

进入21世纪，粒子物理学对认识微观世界有了新的突破，那就是发现了长期寻找的“上帝粒子”——希格斯玻色子，引起了科学界的轰动。近年来，物理学家又对希格斯玻色子进行深入研究，认为上帝粒子也许不止一种粒子；另外也有物理学家在猜想，或许夸克也有内部结构，夸克并非物质结构的终极单元；还有的物理学家正在寻找超出粒子物理标准模型的新物理现象。人们预期，21世纪的粒子物理学，将会把微观世界的认识推向一个崭新的层次。

粒子物理学的发展表明，随着人们对物质微观结构认识的不断深化，人们可以更深刻地揭露物质结构的奥秘，掌握更基本的运动规律并加以利用，为各行各业和人们的生产、生活服务。

在近一个世纪里，粒子物理学走过了辉煌的历程，取得了巨大的进步，这是无数的科学家、工程师共同奋斗的结果，其中一些人在粒子物理发展的关键时刻，起了举足轻重的作用，他们中许多人获得了诺贝尔奖。20世纪内，因基本粒子而获诺贝尔物理学奖的有 30 多人，21 世纪迄今又有 5 届诺贝尔物理学奖属于粒子物理学。但是，更多的人是幕后英雄，值得我们钦佩。

我写这本书有一个想法，或者说有“一个启发式观点”：出于对粒子物理的爱好，特别是对基本粒子周期表的兴趣，通过这本书以及其他众多粒子物理方面的通俗读物，把很多有才华的年轻人吸引到高能物理这个领域中来，以他们的智慧和创新精神，将粒子物理学不断向前推进，编造出更完备、更合理的基本粒子周期表，与门捷列夫元素周期表媲美。正所谓：

科技发展日日新，先辈伟业立功勋，
献身科技如潮涌，擎旗自有后来人。

正像物质结构是无限可分的一样，人类对物质世界的探索也是永无止境的。在粒子物理领域还有一些未曾破解的谜，譬如太阳中微子失踪之谜，夸克有无结构之谜，等等。有那么多的粒子和那么多种的相互作用，人们怀疑标准模型并不是一种最基本的理论，它还有一些缺点，需要去探索将所有粒子和相互作用统一起来的、更优美的物理学，即所谓“新物理学”，例如“大统一”理论、超对称和超弦理论、“超对称大统一”理论。

总之，粒子物理的研究还有很多基本的问题尚未解决。诸如：

夸克究竟是否存在？若存在，夸克可否再分？
大统一理论能否最后建立起来？
粒子如何获得完全不同的质量？
希格斯玻色子是基本粒子还是复合粒子？
为什么宇宙中的物质远多于反物质？
暗物质和暗能量究竟是什么？
实验上能否测量到引力子？
夸克为什么被囚禁？

以上是我们所面临的、有待解答的问题的一小部分，有些问题已在理论和实验上进行了一些探索，这些探索虽没有明显进展，但我们相信随着生产力和科学技术水平的提高，在不远的将来，和自然科学其他分支一样，粒子物理也将会出现大的突破，出现新的局面。

美国基本粒子专门小组在《基本粒物理学》中提出的“有待高能加速器解决的问题”，有如下几项：

什么是质量的起源？

是什么决定了不同粒子的质量？

为什么存在夸克和轻子的代？

夸克和轻子真是基本的吗？

强作用和弱电作用能统一吗？

规范对称性的起源是什么？

是否存在没有发现的基本力？

是否存在没有发现的基本粒子的新种类？

CP 破坏的起源是什么？

为了回答类似上面提出的这些问题，需要实验上的努力和启示，预计可以从下列几个来源得到，例如：

高能加速器上的实验

低能加速器和反应堆上的实验

不用加速器的实验

从天体物理的测量得到的推论

以上这些是光荣而艰巨的任务，可以说任重而道远。

就像陆埮、罗辽复先生在《从电子到夸克——粒子物理》中说的：“粒子世界的未知海洋还在前面。”粒子物理的这些谜，需要人们去探索、去解开。让我们充满信心，展望粒子世界的未来吧！我相信，未来还将会有很多物理学家投身于探索粒子世界的壮丽事业，我一个耄耋之年的老物理人，寄希望于青年科技工作者和莘莘学子，“勇创奇迹待后生”。我好似：

身无彩凤双飞翼，心有灵犀一点通。

青年们，努力吧！我们的心是相通的。

这正是：

路漫漫其修远兮，吾将上下而求索。

我受邀写这本书的时候，心中有些犹豫、忐忑，曾几次想偃旗息鼓，就此作罢。我自感才疏学浅，如“井中之蛙”，面对粒子物理这么深奥、复杂的学问，写一本粒子物理的通俗书会遇到很多困难，更何况这门学科发展迅速，日新月异。我似乎有点自不量力、班门弄斧，写出来恐怕有点吃力不讨好。后经人鼓励、催促，才硬着头皮，勉强写出。本书作为科普读物，对各个问题只能谈到一定深度，像“蜻蜓点水”，但要力求通俗易懂，所以迟迟不敢拿出来，正好似“丑媳妇怕见公婆”。因作者水平有限，书中难免有错漏和不妥之处，请专家和读者批评指正。

# 参考文献


1. （法）大卫·卢阿普尔．谁捉住了上帝粒子？［M］．孙佳雯，译．北京：北京联合出版公司，2020.

2. （加）宝琳·加尼翁．1小时粒子物理简史［M］．钱思进，译．杭州：浙江教育出版社，2020.

3. （美）大卫·J. 格里菲斯．粒子物理学导论（翻译版）［M］．王青，译．北京：机械工业出版社，2016.

4. （美）理查德·费曼．费曼讲演录：一个平民科学家的思想［M］．王文浩，译．长沙：湖南科学技术出版社，2019.

5. （英）乔恩·巴特沃思．看不见的世界：宇宙从何而来［M］．章燕飞，译．北京：北京联合出版公司，2019.

6.《高能物理》编辑部．基本粒子物理发展史年表［M］．北京：科学出版社，1985.

7. 埃米里奥·塞格雷．从X射线到夸克：近代物理学家和他们的发现［M］．上海：上海科技文献出版社，1984.

8. 艾萨克·阿西莫夫（Asimov，I.）．亚原子世界探秘：物质微观结构巡礼［M］．朱子延，朱佳瑜，译．上海：上海科技教育出版社，2011.

9. 布鲁斯·A. 舒姆．物质深处：粒子物理学的摄人之美［M］．潘士先，译．北京：清华大学出版社，2016.

10. 村山齐．消失的粒子与幸存的世界［M］．逸宁，译．北京：人民邮电出版社，2019.

11. 丁兆君，胡化凯．“层子模型”建立始末［J］．自然辩证法通讯，

2007（04）：62-67+112.

12. 杜东生，杨茂志 . 粒子物理学导论［M］. 北京：科学出版社，2017.

13. 高崇寿 . 粒子世界探秘［M］. 长沙：湖南教育出版社，1994.

14. 何晓波 . 物理学家的故事［M］. 成都：四川大学出版社，2015.

15. 金孩 . 原子弹演义［M］. 北京：世界知识出版公司，2005.

16. 梁衡 . 数理化通俗演义［M］. 北京：北京联合出版公司，2015.

17. 刘树勇，等 . 不可思议的反物质［M］. 石家庄：河北科学技术出版社，2012.

18. 刘筱莉，仲扣庄 . 物理学史［M］. 南京：南京师范大学出版社，2001.

19. 柳继锋 . 粒子物理［M］. 桂林：广西师范大学出版社，2002.

20. 陆埮，等 . 奇异的星星：陆埮科普与随笔［M］. 北京：中国科学技术出版社，2015.

21. 陆埮，罗辽复 . 物质探微：从电子到夸克［M］. 北京：科学出版社，2005.

22. 陆埮，沙振舜 . 1990 年诺贝尔物理奖与夸克［J］. 物理实验，1991（01）：47-49.

23. 罗辽复，陆埮 . 基本粒子［M］. 北京：北京出版社，1981.

24. 美国基本粒子物理专门小组 . 基本粒子物理学［M］. 沈齐兴，等译 . 北京：科学出版社，1992.

25. 皮克林 . 构建夸克：粒子物理学的社会学史［M］. 王文浩，译 . 长沙：湖南科学技术出版社，2011.

26. 沙振舜，钟伟 . 简明物理学史［M］. 南京：南京大学出版社，2015.

27. 沈齐兴，黄涛 . 基本粒子表［M］. 上海：上海科学技术出版社，1980.

28. 斯蒂芬 · 温伯格 . 亚原子粒子的发现［M］. 杨建邺，肖明，译 . 长沙：湖南科学技术出版社，2018.

29. 孙汉城，寅新艺 . 核物理与粒子物理［M］. 哈尔滨：哈尔滨工程大学出版社，2014.

30. 唐・林肯 . 从夸克到宇宙：用粒子物理打开世界真相［M］. 孙佳雯，译 . 北京：北京联合出版公司，2022.

31. 唐孝威，等 . 探寻反物质的踪迹［M］. 南宁：广西科学技术出版社，2004.

32. 威特曼（Veltman，M.）. 神奇的粒子世界［M］. 丁亦兵，等译 . 北京：世界图书出版公司北京公司，2006.

33. 魏凤文，申先甲 . 20 世纪物理学史［M］. 南昌：江西教育出版社，1994.

34. 魏世杰 . 原子小演义［M］. 济南：山东教育出版社，1985.

35. 肖恩・卡罗尔 . 寻找希格斯粒子：2013 诺贝尔物理学奖获奖粒子的发现历程［M］. 向真，译 . 长沙：湖南科学技术出版社，2014.

36. 肖明 . 粲夸克的提出与发现［J］. 现代物理知识，1996（02）：39–40.

37. 肖振军，吕才典 . 粒子物理学导论［M］. 北京：科学出版社，2016.

38. 谢泉 . 高能物理学浅说［M］. 长沙：湖南科学技术出版社，1979.

39. 谢诒成，勾亮 . 场论与粒子物理：探索物质最深处［M］. 上海：上海科技教育出版社，2001.

40. 谢诒成 . 电子传奇：微观粒子世界揭秘［M］. 广州：广东教育出版社，1995.

41. 徐建铭 . 加速器原理（修订版）［M］. 北京：科学出版社，1981.

42. 徐克尊，陈向军，陈宏芳 . 近代物理学（第 3 版）［M］. 合肥：中国科学技术大学出版社，2015.

43. 许咨宗 . 核与粒子物理导论［M］. 合肥：中国科学技术大学出版社，2009.

44. 薛晓舟 . 粒子物理初步［M］. 郑州：河南科学技术出版社，1983.

45. 杨广军 . 走进微观粒子世界［M］. 上海：上海科学普及出版社，2013.

46. 杨建邺，李继宏 . 走向微观世界：从汤姆逊到盖尔曼［M］. 武汉：武汉出版社，2000.

47. 杨建邺 . 光怪陆离的物质世界：诺贝尔奖和基本粒子［M］. 北京：商务印书馆，2008.

48. 殷鹏程 . 基本粒子探索［M］. 上海：上海科学技术出版社，1978.

49. 尹儒英 . 高能物理入门［M］. 成都：四川人民出版社，1978.

50. 英国《新科学家》杂志 . 给忙碌青少年讲粒子物理：揭开万物存在的奥秘［M］. 秦鹏，译 . 天津：天津科学技术出版社，2021.

51. 岳崇兴，马璐 . 粒子物理研究现状与发展趋势之概述［J］. 辽宁师范大学学报（自然科学版），2016，39（03）：327-331.

52. 张镇九 . 囚禁在樊笼中的夸克［M］. 石家庄：河北科学技术出版社，2015.

53. 朱世豹 . 科学诗百首［M］. 苏州：古吴轩出版社，2015.

54. Herb S W, Hom D C, Lederman L M, et al. Observation of a dimuon resonance at 9.5 GeV in 400-GeV proton-nucleus collisions[J]. Physical Review Letters, 1977, 39（5）: 252-255.

55. Particle Data Group. Review of particle physics[J]. Physical Review D, 2012.

# 附录 1

# 希腊字母表

希腊字母汉语拼音、中文音读表

| 大写 | 小写 | 中文音读 | 汉语拼音 | 英文音读 |
|---|---|---|---|---|
| Α | α | 阿尔法 | arfa | alpha |
| Β | β | 贝塔 | beita | beta |
| Γ | γ | 伽马 | gama | gamma |
| Δ | δ | 德尔塔 | dcirta | delta |
| Ε | ε | 艾波西龙 | eipuseilong | epsilon |
| Ζ | ζ | 截塔 | zeita | zeta |
| Η | η | 艾塔 | eita | eta |
| Θ | θ | 西塔 | seita | theta |
| Ι | ι | 艾欧塔 | youta | iota |
| Κ | κ | 开帕 | kapa | kappa |
| Λ | λ | 兰姆达 | lamuda | lambda |
| Μ | μ | 木尤 | miu | mu |
| Ν | ν | 纽 | niu | nu |
| Ξ | ξ | 克赛 | kesei | xi |
| Ο | ο | 奥密克戎 | oumikrong | omicron |
| Π | π | 派 | pai | pi |
| Ρ | ρ | 若 | rou | rho |
| Σ | σ | 西格马 | seigama | sigma |
| Τ | τ | 套 | tao | tau |
| Υ | υ | 尤波西龙 | ypuseilong | upsilon |
| Φ | ϕ | 斐 | fai | phi |
| Χ | χ | 忾 | kai | chi |

# 附录 2

# 粒子物理领域诺贝尔物理学奖

| 时间 | 获奖者 | 国籍 | 研究成果 |
| --- | --- | --- | --- |
| 1906 | 约瑟夫·约翰·汤姆逊（J. J. Thomson） | 英 | 电荷通过气体的理论和实验研究，1897 年发现电子 |
| 1923 | 罗伯特·安德鲁·密立根（R. A. Millikan） | 美 | 基本电荷和光电效应方面的工作，1909 年油滴实验 |
| 1927 | 亚瑟·霍利·康普顿（A. H. Compton） | 美 | 1923 年发现光子与自由电子的非弹性散射作用，即康普顿效应 |
|  | 查尔斯·汤姆逊·里斯·威尔逊（C. T. R. Wilson） | 英 | 发明一种观测带电粒子径迹的方法——威尔孙云室 |
| 1935 | 詹姆斯·查德威克（J. Chadwick） | 英 | 1932 年发现中子 |
| 1936 | 维克托·弗朗西斯·赫斯（V. F. Hess） | 奥 | 1911 年发现宇宙线 |
|  | 卡尔·大卫·安德森（C. D. Anderson） | 美 | 1932 年发现正电子 |
| 1938 | 恩利克·费米（E. Fermi） | 美 | 证实中子辐射产生新放射性核素及慢中子产生核反应 |
| 1939 | 欧内斯特·劳伦斯（E. O. Lawrence） | 美 | 发明和发展回旋加速器，用加速器取得成果，特别是产生人工放射性元素 |
| 1945 | 沃尔夫冈·泡利（W. E. Pauli） | 奥 | 1924 年发现不相容原理即泡利原理 |

**续　表**

| 时间 | 获奖者 | 国籍 | 研究成果 |
| --- | --- | --- | --- |
| 1948 | 帕特里克·布莱克特（P. M. S. Blackett） | 英 | 发展威尔孙云室，在粒子和宇宙线方面贡献 |
| 1949 | 汤川秀树（Yukawa Hideki） | 日 | 从核力理论基础上预言介子的存在 |
| 1950 | 塞西尔·弗兰克·鲍威尔（C. F. Powell） | 英 | 发展核乳胶方法，发现 π 介子 |
| 1951 | 约翰·科克罗夫特（J. D. Coekroft） | 英 | 用人工加速粒子进行核蜕变工作 |
|  | 托马斯·瓦尔顿（E. T. S. Walton） | 爱尔兰 | 同上 |
| 1957 | 杨振宁（C. N. Yang） | 美 | 对宇称定律的研究，1956 年提出弱作用宇称不守恒 |
|  | 李政道（T. D. Lee） | 美 | 同上（共同） |
| 1959 | 埃米利奥·吉诺·塞格雷（E. G. Segrè） | 美 | 1955 年发现反质子 |
|  | 欧文·张伯伦（O. Chamberlain） | 美 | 同上 |
| 1960 | 唐纳德·阿瑟·格拉泽（D. A. Glaser） | 美 | 发明气泡室 |
| 1961 | 罗伯特·霍夫施塔特（R. Hofstadter） | 美 | 研究电子被核散射问题，发现核子结构 |
|  | 鲁道夫·穆斯堡尔（R. L. Mssbauer） | 德 | 1958 年发现无反冲 γ 共振吸收 |
| 1963 | 尤金·保罗·维格纳（E. P. Wigner） | 美 | 核和基本粒子理论 |
| 1965 | 理查德·菲利普斯·费曼（R. P. Feynman） | 美 | 量子电动力学方面的研究 |
|  | 朱利安·施温格（J. Schwinger） | 美 | 同上 |
|  | 朝永振一郎（Sin-Itiro Tomonaga） | 日 | 同上 |

**续 表**

| 时间 | 获奖者 | 国籍 | 研究成果 |
|---|---|---|---|
| 1968 | 路易斯·阿尔瓦雷斯（L. W. Alvarez） | 美 | 发展氢泡室和数据分析系统，发现大量共振态 |
| 1969 | 盖尔曼（M. Gell-Mann） | 美 | 基本粒子分类和相互作用，1964年提出夸克模型 |
| 1976 | 丁肇中（S. C. C. Ting） | 美 | 发现 J/ψ 粒子 |
| | 伯顿·里克特（B. Richter） | 美 | 同上（各自） |
| 1979 | 史蒂文·温伯格（S. Weinberg） | 美 | 1967年提出电弱统一理论 |
| | 阿卜杜勒·萨拉姆（A. Salam） | 巴基斯坦 | 同上 |
| | 谢尔登·格拉肖（S. L. Glaschow） | 美 | 1973年发展了温伯格—萨拉姆理论 |
| 1980 | 詹姆斯·沃森·克罗宁（J. W. Cronin） | 美 | 作 $K^0$ 介子衰变实验确定 CP 不守恒 |
| | 瓦尔·洛格斯登·菲奇（V. L. Fitch） | 美 | 同上 |
| 1984 | 卡洛·鲁比亚（C. Rubbia） | 意 | 1983年发现中间玻色子 $W^{\pm}Z^0$ |
| | 西蒙·范德梅尔（S. van der Meer） | 荷 | 发明随机冷却方案聚焦质子—反质子束 |
| 1988 | 利昂·莱德曼（L. Lederman） | 美 | 1962年中微子束工作，发现 $\nu_\mu$ 验证轻子的二重态 |
| | 梅尔文·施瓦茨（M. Schwartz） | 美 | 同上（共同） |
| | 杰克·斯坦伯格（J. Steinberger） | 美 | 同上（共同） |
| 1990 | 杰尔姆·弗里德曼（J. Freidman） | 美 | 电子对质子的深度非弹性散射的实验结果证实了强子有结构的理论 |
| | 亨利·肯得尔（H. W. Kandall） | 美 | 同上（共同） |
| | 里查德·泰勒（R. Taylor） | 加 | 同上（共同） |

**续　表**

| 时间 | 获奖者 | 国籍 | 研究成果 |
| --- | --- | --- | --- |
| 1994 | 布罗克豪斯（B. N. Brockhouse） | 加 | 发展了中子谱学 |
|  | 克利福德·格伦伍德·沙尔（C. G. Shull） | 美 | 发展了中子衍射技术 |
| 1995 | 马丁·佩尔（M. L. Perl） | 美 | 1977 年发现 τ 轻子 |
|  | 弗雷德里希斯·莱因斯（F. Reines） | 美 | 1959 年探测到中微子 |
| 1999 | 赫拉尔杜斯·霍夫特（G. Hooft） | 荷 | 非阿贝尔规范场重整化的理论 |
|  | 马丁努斯·韦尔特曼（M. J. G. Veltman） | 荷 | 同上 |
| 2002 | 雷蒙德·戴维斯（R. Davis） | 美 | 在宇宙中的中微子研究所作出的卓越贡献 |
|  | 小柴昌俊（Masatoshi Koshiba） | 日 | 同上 |
|  | 里卡尔多·贾科尼（R. Giacconi） | 美 | 发现了宇宙 X 射线源 |
| 2004 | 戴维·格罗斯（D. Gross） | 美 | 对量子理论中夸克渐进自由现象的开创性发现 |
|  | 戴维·波利策（H. D. Politzer） | 美 | 同上 |
|  | 弗兰克·维尔切克（F. Wilczek） | 美 | 同上 |
| 2008 | 小林诚（Kobayashi Makoto） | 日 | 发现对称性破缺的来源，并预测了至少三大类夸克在自然界中的存在。 |
|  | 南部阳一郎（Yoichiro Nambu） | 美 | 发现亚原子物理学的自发对称性破缺机制 |
| 2013 | 彼得·威尔·希格斯（P. W. Higgs） | 英 | 对希格斯玻色子（又称上帝粒子）的理论预测 |
|  | 弗朗索瓦·恩格勒（F. Englert） | 比 | 同上 |
| 2015 | 梶田隆章（Takaaki Kajita） | 日 | 通过中微子振荡发现中微子有质量 |
|  | 阿瑟·布鲁斯·麦克唐纳（A. B. McDonald） | 加 | 同上 |